我们的广西
WOMEN DE
GUANGXI

BAITOU YEHOU

白头叶猴

○ 潘文石　等著

○ 作者和
研究者

梁祖红　顾铁流　封春光　潘　岳　杨颜萍　龙　玉　赵　一
姚　蒙　陈　艾　殷丽洁　秦大公　邓海星　程诗灏　陆海滨
单　恩　黄梅英　李新阳　罗祚业　韦美姣　陆金同　郑心玛

广西出版传媒集团
广西科学技术出版社
GUANGXI CHUBAN CHUANMEI JITUAN
GUANGXI KEXUE JISHU CHUBANSHE

"我们的广西"丛书

总 策 划：范晓莉

出 品 人：覃 超
总 监 制：曹光哲
监 　 制：何 骏 施伟文 黎洪波
统 　 筹：郭玉婷 唐 勇
审稿总监：区向明
编校总监：马丕环
装帧总监：黄宗湖
印制总监：罗梦来

装帧设计：陈 凌 陈 欢
版式设计：韦娇林

白头叶猴不仅外形迷人，

对它们演化过程的了解

都使世人为之赞叹。

在猿还没有进化成人的 140 万年前，

它们就已经出现在左江南岸的丛林里。

更新世的气候变化，

使数十种大型野兽销声匿迹，

大象和犀牛已荡然无存，

长臂猿和红毛猩猩也无影无踪，

唯有崇左叶猴孑遗至今。

今天，

在人类占去了它们河谷的栖息地之后，

它们的子孙还能在喀斯特石山上残存着

……这是一个关于"白头叶猴的故事"

前　言

热带悬崖上白头叶猴的身影，

进入我的脑海，

成为我灵魂的一部分。

——潘文石

1988年最后一周，我（潘文石）匆匆离开设在秦岭冰天雪地中的营地，乘坐2天汽车和3天火车才到达广西南宁。脱下身上的防寒服和雪地靴，兴致冲冲地投入一项新的冒险：独自闯进明江和左江交汇处的陇瑞洼地（即花山地区）。

下面摘录的是当年的一些野地记录。

1988年12月30日

06:15　我借着头灯微弱的光爬上花山的一道小山梁——这是进入陇瑞洼地的垭口。正当我停下来打算休息片刻等待黎明到来的时候，我身后的树枝猛烈地摇撼起来，同时伴随着一连串像黔驴一样大喊大叫的声音。我猜想这应当是一只公猴在向我怒吼，表明我侵犯了牠的领地。黑暗中，我感觉与牠近在咫尺。

危险的山路陡峭和湿滑，我沿着泥泞的羊肠小道不断向下攀爬了2个多小时，才到达这片峰丛洼地的底部。路上遇不到任何人，但感觉极好，我作为一个荒野中的科学猎人，正在热带丛林里寻找"猎物"。

09:00　我平生第一次在自然栖息地中看见正在觅食的白头叶猴。它们聚集在一棵高大的人面子树上。青年猴和成年猴通体毛色漆黑，但具有尖尖的白色冠毛；而被抱在怀里的幼仔全身金黄色；稍大一些的幼猴毛色正处在变化之中而呈咖啡色。有一只体型略显强壮的个体，叉开双腿，独自蹲坐在距离我大约70米远的一棵大树的树冠上，我取出望远镜，看到了牠的雄性生殖器。当我向它们靠近时，母猴们都抱起金黄色的幼猴，跳到附近的峭壁上，一个个回头对我注视了片刻，再慢慢向上攀爬；而那只公猴却向我移动过来，停留在距离我约15米的树枝上，挡在我和猴群之间。我打开录音笔，记录下它们的数量：1只公猴、8只成年母猴、2只个体小些的青年雌猴、8只金黄色或咖啡色的幼猴。

受到好奇心所推动，我继续前行，幻想着在这片荒无人烟的丛林里随时都可能蹦出一只或一群有科学价值的动物。

09:08　在一片阳坡地上，遇到二三十只土黄色的猕猴在翻寻食物，其中竟杂有一只外形是红面黑毛短尾的猴。这种珍稀的红面猴也是我在野地里头一次遇到，当我从背包里取出相机时，它们已经快速移动到峭壁的后面了。

当我手持相机赶到石山背后时，它们已经消失得无影无踪。但是，我却意外地被40米外一棵枯树上的蝙蝠所吸引，这也是我生命中头一次见到的。它们共有15只，大多头朝下倒挂在枯枝上，另有3只在树周围飞。我悄悄向它们移动过去直到看清楚它们的模样，终于认出它们是现代哺乳动物的古老世系（lineage），其形态结构和生理机能与它们5000万年前的祖先十分相似，由于具有恒定的体温而无须冬眠。

棕果蝠

09:15 南国冬日的暖阳照进了山谷，露水开始蒸发。在薄雾的遮掩下，我悄悄前行，透过灌木丛，看到7只水鹿卧站在草地上。我想把长焦镜头伸过树枝，却不小心造出了响声，所有的鹿一下子便站起身来并转过头朝我张望；有只头鹿还大声地喷着鼻子，使劲踢蹬地面发出"咚咚"的响声，之后鹿群就奔跑而去，剩下一只最小的鹿仔还傻呆呆地站在原地。

水鹿

这只小鹿显示出惊恐的面孔：竖起了耳朵，张大的眼睛和膨胀的鼻孔。下一瞬间便剩下晃动的树枝和迅速消失的背影。

09:30 我跟踪水鹿群进入一片斑茅丛生的湿地，斑茅高大的叶片遮天蔽日，足有三四米高。我顺着一条动物们常常穿行的通道来到一处积水的洼坑边。水坑的周围不长茅草和其他植物，但在裸露的湿泥地上却留下各式各样的脚印。我蹲下来一一仔细辨认，一个"梅花形"足印吸引了我，其大小相当于我握紧了的拳头，说明有一只大型猫科动物也来这里喝水。正当我从背包里取出一个标尺，刚刚摆放到足印旁边时，隐约听到了一声非常轻微的声音，紧跟着周围鸦雀无声，连昆虫的叫声也停止了。以我自身长年在荒野里的体验，最令人紧张害怕的就是四周死一样的寂静。此时除了自己心脏"咚咚"的声音外，什么也听不见。一想到北热带季雨林中最典型的顶级食肉兽就是老虎或金钱豹，有一种可能随时出现的预兆催促我站立起来，并迅速离开。

b.足印

a.豹子

陇瑞洼地的金钱豹

15:00 我翻过花山垭口下行至攀龙村，去拜访祖祖辈辈居住在这里的农民。村子很小，人口也很少，因为周围被江水包围，使得交通十分不便，长期与外界处于隔绝的状态。村民们说这里的野生动物很多，几年前，每天下午4点多钟就会有一只老虎来到村边转悠，村民都把门关紧，不敢出来。一位年长的黄姓村民说，他可以带我去陇瑞洼地里看一群蜂猴，共有11只，他知道这些蜂猴的秘密居住地。他还告诉我，有一次他在陇瑞洼地里看到一只金钱豹趴在树上，死盯着一群路过的野猪；村里有人还看到过一头黑熊。

热心的村民们向我介绍，白天随时都可以在村子周围的大树上看到个体很大的黑色松鼠（即巨松鼠）和肚子长着红毛的松鼠（即赤腹松鼠）；有三种会飞的松鼠（即鼯鼠）一到晚上还会"旱得啦，旱得啦"地叫着从一棵大树飞到另一棵大树。

我问是否有人捕捉野生动物去卖，回答竟让我十分意外。他们说很少人去抓，因为卖不出好价钱，穿山甲几元钱一只也没人买。

1989年1月10日

今天是我结束在左江南岸热带丛林野地考察的日子。

我来到扶绥县大陵火车站，在站台旁找了一个太阳照不到的地方。刚一坐下，便听到有只白头叶猴"啊儿！啊儿！"的呼叫声。随后便看到一群白头叶猴出现在车站西边的绝壁上：1只成年雄猴、8只成年雌猴、4只半大仔、3只金黄仔和4只棕黑色仔。车站的工作人员说，对面峭壁就是弄斗山区的东部边缘，这群猴子几乎每天都要来这里看火车。

不久，白头叶猴们就离开了。但我仍凝视着他们刚刚蹲坐过的那座悬崖，心想着绝壁背后还有大面积连绵不断的石山，向西可一直延伸到左江岸边。

我打开日记本，把短短十多天探险所经过的地方勾画出来：在左江与明江之间有6片拔地而起的喀斯特石山区，它们都已经成为"生态孤岛"，它们的面积虽小，但却是当今地球上最后的荒原，其中还有不少地区没有留下人类活动的痕迹，仍维持着史前一般的荒凉景象——广西西南部独一无二的"喀斯特季雨林生态模式"，生养着当今地球上独一无二的白头叶猴。

蓝天下面，有一对蛇雕展开它们约2米长的翅膀正在弄斗山区的

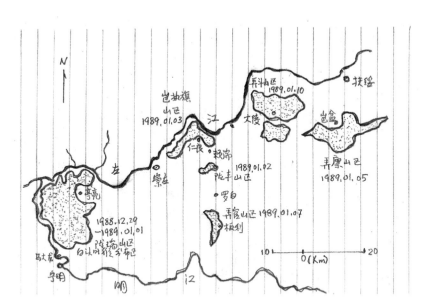

1988年12月至1989年1月白头叶猴的分布区，6片生态孤岛，估计石山面积400多平方千米（潘文石手绘）

上空盘旋，它们一雄一雌大声地自由自在地"呦！呦！"叫着，互相呼应。远方传来了隆隆声，火车减慢速度向站台驶来。尽管在情感上难以割舍，但我却身不由己地登上归乡的列车，重返那冰天雪地的秦岭。闭上双眼，闪闪发亮的热带丛林和悬崖绝壁上白头叶猴的身影立即浸入我的脑海，从此它们就成为我生命的一部分。

1989年1月20日（离开左江10天之后）

我回到了秦岭。

白天在积雪的森林中跋涉，调查砍伐森林对秦岭生态系统和大熊猫所造成的伤害。但到了晚上，我就在冷得刺骨的帐篷中，蜷缩在羽绒睡袋里，构想一个新的科学梦想，等待着重返左江流域的一天……

1996年10月30日（离开广西8年之后）

这是我盘桓在秦岭最后的一天，就要结束我生命中的这段经历了。

我把最年富力强的时光，投放在研究大熊猫和其所在地人民之间的关系，期待能化解某些生态学危机。今日就要关闭历经13个寒暑的野外工作站，难免内心会觉得惆怅。

目　录

序 幕

（1996 年）

　　我们在广西左江南岸的弄官山下有个研究基地，22 年来，每当日出和日落，就可以看到一群白头叶猴出现在这座陡峭的绝壁上：它们或坐或卧或嬉戏，也有在看着山脚下正观察它们的我们……

　　白头叶猴秉性温良，与人无争，居住在喀斯特地貌的石山之上，靠食树叶为生。它们就像中国古代传说中的瑞兽"麒麟"那样：关爱其他生命，不损害百姓庄稼；只吃洁净的树叶，喝清凉的露水。它们是自然界正义和美德的象征，代表着大地美景和人间吉祥。

第一章　究竟是黑叶猴还是白头叶猴

白头叶猴不仅是
一个名副其实的
独立种，同时也
是广西的特有种

我没有故作姿态，却掩饰了自己的真貌。

——莎士比亚

　　自古以来，白头叶猴就一直居住在广西左江以南和明江以北的热带丛林里，但长期未能被科学家所记载。

　　直到1952年，一位著名记者、研究野生动物专家谭邦杰先生（时任北京动物园园长）到广西扶绥县的岜盆乡进行野生动物调查，首次在一家小国药店里发现了一张毛色黑白相间的猴皮。谭先生以他锐敏的眼光，认定这是一种非常珍稀的而且还未被科学所记录的新物种。谭先生把猴皮带回北京，经研究之后临时为它起了一个中文名——"花叶猴"。1955年他依照林奈（图1-1）的"双名法"正式用拉丁文为"花叶猴"命名。按照科学的规定，物种的名字应由两个词组成，第一个词是"属名"，第二个词是"种加词"，同时把命名者的名字和命名时间附在最后。因此，白头叶猴的最早名字是"*Presbytis leucocephalus* Tan's 谭邦杰1955"。

图1-1　卡罗勒斯·林奈，瑞典博物学家，创立了生物物种学名的"双名法"

1957年，谭邦杰先生在英国的《动物学通报》上首次发表一篇在广西发现"白头叶猴"的文章，从这一年开始，白头叶猴便为近代科学家所认识（图1-2）。

那是1952年的夏季，我在广西为北京动物园收集动物。一天，在南宁郊区一家小国药店里，我在翻弄一堆乱糟糟的猴肉干、蛇干、穿山甲皮时，忽然，一张很旧的猴皮映入我的眼帘。它虽然有些残缺，褪了色，但是可以清楚地看出是黑白交错的。这种猴我过去从没见过，也联想不出有关的资料。

......

我在1957年春著文，描述了这个新种，取名为"白头叶猴"，学名为 *Presbytis leucocephalus*，在英、德等国发表了论文，这时国外动物界才见到白头叶猴的照片和描述。

——摘自谭邦杰《我怎样发现白头叶猴》

图1-2 谭邦杰先生当年在观察北京动物园里笼养的白头叶猴

一、关于白头叶猴的分类地位的争论

60多年来，学者们对于这个物种分类地位的争论便没有停止过。解剖学者、生态学者、分子生物学者各自都发挥了创意和毅力，根据不同的证据把白头叶猴的分类地位翻过来倒过去，希望追寻到一个正确的答案。

1980年，谭邦杰先生在《我怎样发现白头叶猴》一文中率先对白头叶猴的一些生物学特征进行描述："这种猴与黑叶猴各自保持独自的生活领域，自成种群，绝不混杂。再比较它们的头骨，也有几点区别：一是'花叶猴'（白头叶猴）的鼻骨比黑叶猴的长；二是它的眶外突宽度大于脑颅宽度；三是黑叶猴的脑颅后部显得更丰满些。"因此，谭先生坚持认为白头叶猴是一个独立种。

1980年，李致祥等在白头叶猴与黑叶猴分布区交界处发现"白头黑尾"的"居间种"，他们认为实际上这只是黑叶猴种群内部的个体差异。两年后，即1982年，广西壮族自治区的两位研究者申兰田和李汉华认为，白头叶猴在形态结构、生活习性、地理分布方面没有什么特别之处，都与黑叶猴十分相似；同时也考虑到黑叶猴本身毛色多变等方面的因素，因此他们也认为白头叶猴不能单独立为一个种，而应该属于黑叶猴的一个亚种。从此，有关白头叶猴究竟是一个独立种，还是一个地理亚种的问题便在科学家之间展开了争论。

现代分类学要求每个物种都必须按其自然进化的严格顺序，按一个萝卜一个坑有序地安排到其进化阶梯的特定位置上。但是，翻开60年来的研究论文，却发现白头叶猴的分类地位的问题被颠来倒去地搬家。

1984年，Brandon Jouse在研究亚洲疣猴的进化历史时，主张把白头叶猴作为一个独立种。

1987年，Eudey提出了越来越多的比较形态学证据，证明白头叶猴具有作为一个独立种的地位。

1991年，卢立仁等也认为基于形态学、生态学、行为学的证据和物种保护等方面的理由，坚持把白头叶猴从黑叶猴中独立出来作为一个新种。

1997年，由著名的动物地理学家张荣祖先生领头的一大批研究中国哺乳动物专家合著，并由中华人民共和国濒危物种进出口管理办公室主编的，具有权威性的《中国哺乳动物分布》一书中，没有把白头叶猴作为独立种，还是将它作为黑叶猴分布在左江以南地区的一个地理亚种（*Presbytis francoisi leucocephalus* Tan's，1957 广西扶绥）记录在这部具有权威影响力的巨著上。

从20世纪90年代中后期开始，生物大分子的研究工作也开始为白头叶猴的分类地位提供新证据，学者们几乎清一色认为白头叶猴就是黑叶猴的一个亚种。

1997年，刘自民等对白头叶猴（*Trachypithecus francoisi leucocephalus*）、黑叶猴（*Trachypithecus francoisi*）和菲氏叶猴（*Trachypithecus phayrei*）三个个体的线粒体ND4基因以及D-环区序列的碱基差异和遗传距离进行了比较，其研究结果认为白头叶猴仅仅是黑叶猴种群中一个进化显著性的单元（Evolutionary Significant Units，ESU），因此也主张白头叶猴只是黑叶猴的一个地理亚种。

1999年，丁波等利用随机扩增多态DNA技术，对紫面叶猴（*Trachypithecus vetulus*）、长尾叶猴（*Semnopithecus entellus*）、菲氏叶猴、黑叶猴和白头叶猴的系统进化关系进行分析，结果表明白头叶猴与黑叶猴间的遗传差异程度处于黑叶猴群间差异的水平，因此认为这两种动物在近期可能存在过基因交流。

2004年胡艳玲等和1989年陈怡平分别报道了在笼养状态下白头叶猴与黑叶猴发生过杂交并得到了可繁殖后代的子代个体。这是一个很具影响力的实验，常被作为白头叶猴和黑叶猴之间并不存在生殖隔离的证据，从而加强并支持了把白头叶猴作为黑叶猴的一个亚种的主张。

但是2007年，Roos等通过对几种叶猴线粒体DNA和细胞色素B基因的一个576bp片断的碱基差异和遗传距离进行分析，认为黑叶猴和金头叶猴（*Trachypithecus piliocephalus*）尽管遗传距离很小，但它们的形态、声音和行为都存在着较为广泛的差异。因此他们主张把金头叶猴列为独立种，同时认为白头叶猴是金头叶猴的一个亚种。

以上我们几乎列出了参加这场争论的所有人物的研究结论，但辩论问题的焦点在哪儿?

在只有比较形态学的时代，对物种的分类已殊非易事；而20世纪末当分子生物学问世之后，当代的分类学就要求把各方面的证据都必须列进一套复杂的程序中去进行评估，因此在物种的分类上也就提出了更多的问题，出现了更大的冲突。然而依我们的看法，在如何看待白头叶猴在自然界中分类地位的问题上，仅仅按照每一位研究者各自的想象去设计实验并演绎出结果，看似有了实验数据作依据，而实际上与真实情况相去甚远。我们认为，要弄清楚一个物种的分类地位问题，最根本的出发点应当以该动物的自然历史为依据，这就要求研究者必须要了解该动物出现的地质年代及演化的过程，仔细地审查它们历史的和现在的地理分布的证据，在此基础上讨论它们的分类地位才会更准确些（图1-3）。

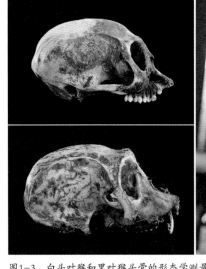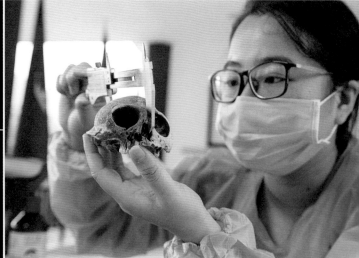

图1-3　白头叶猴和黑叶猴头骨的形态学测量（实物照和工作照）

二、自然的力量——种间生殖隔离

大自然为了保证她所创造的"物种"的纯洁性而自始至终在"种"与"种"之间的交配上设置了许多障碍：不单使它们之间不能进行交配，即使交配了也不能产生可育的后代。

在有性生殖的物种中，由于每个物种都是一个独立的繁殖单元，它们必须在种群内进行交配，才能产生在遗传上属于自己的后代，因此在自然状况下它们之间的界线是十分清楚的。分类学家就以生物个体之间在自然环境中能否进行正常和有效的生殖作为划分"种"与"种"之间界线的标准。

但是，在自然界中两个物种之间偶尔也会出现一些"偷食禁果"的事件，并在某些特别的情况下也会产下一些后代。不过这仅仅是一种表面的现象，分类学家还需要通过多个角度去调查研究，才能进行准确的判别。

下列的4种状况能够帮助我们了解大自然是怎样在种间设置生殖隔离的：

第一，生物学家必须在野外非常认真地调查物种之间的分布区是否存在真正的地理隔离，因为只有在地理分区上把两个物种隔离开来，才会产生实际上的生殖隔离，才能保证物种纯净的遗传传承。

第二，野外生物学家发现，不同物种经过长期自然选择，使它们在发情时间上和交配行为模式（如歌声和舞蹈等）上都存在差异，因产生了不同的交配偏好而形成生殖隔离。

第三，生物学家们已注意到，不同物种之间的交配都很难成功且很难生育健康的后代，即使生下了后代，这些后代生殖系统的发育也不正常，因此也无法再繁殖下去。

第四，在自然状态下，种间的交配也出现过少量的杂交后代，但由于这些少量个体在融入各自庞大的种群中很难获得与同类型的杂交个体交配并遗传的机会，因此它们的后代很快就回归到原始种的状态。

对于前文提到的胡艳玲等和陈怡平分别观察到笼养状态下白头叶猴与黑叶猴交配之后生下后代的案例，我们应当如何分析？表面上看这两个物种之间的生殖界线似乎可以"被打破"，便以其作为证据而把它们当成同一个物种，但这个结论是不能成立的，因为白头叶猴和黑叶猴发生杂交并非发生于真正野生的自然状态，而是在被人专门安排的禁闭的环境下进行的。在野生状态下，这两个物种的分布区是被左江和明江隔离开来的，它们无法生活在一起，它们连相遇的机会都没有，如何进行交配呢？

在人类饲养家禽和家畜的历史上，也曾经有过少数远缘动物在人的安排下发生有性交配，其中极少数也产生过没有生育力的后代：马和驴产生过无生育能力的骡子；鸭子（番鸭和北京鸭）也是其中的一例，产生出了没有生育能力的菜鸭（只作为人类的肉制品）；鹅也很乐意交换基因（图1-4）；野鸡种间已经多次杂交并产生了羽毛丰富多彩的特征。

图1-4 雁鹅（♂，最右）和2只家鹅（♀）共同抚育10只小鹅

在自然界中，物种之间也曾有过生殖上相互渗透的例子，例如在我国西南部的同一个栖息地中，生活着两种美丽的锦鸡（红腹锦鸡与白腹锦鸡），研究者们可以在它们分布区的重叠地带看到它们在野生自然状态下的杂交个体，但研究者们又发现这些杂交个体确实无法一代又一代保持下去。

有生物学家研究过著名的达尔文地雀（图1-5）在加拉帕戈斯群岛上也出过错：由于这些地雀在系统发生上的地位十分接近，因此具有十分类似的交配行为模式，它们雄雀鸣唱的声音十分相似，致使少数雌雀在狂热的爱的季节中难以区别，便在交配时意外地找错了对象。不过野外的统计数值所显示的是，它们之间的杂交率十分低，大约只有正常交配率的1/50。此外，对它们的自然历史研究的结论也表明，数千年来，达尔文地雀在自然生态系统中始终维持着泾渭分明的种间界线。

图1-5 达尔文地雀

在加拉帕戈斯群岛上，大自然之手毫不留情地淘汰了两种地雀之间的杂交后代；同样，大自然之手也毫不留情地毁灭了那些不适应环境的种间杂交个体，从而终止了由不正常婚配所产下的后代继续生存下去的可能性。其最终的结果是：尽管有时不同物种在交配上出现过差错，但自然选择的力量又确保了它们在同一空间之内始终保持着正常的相安无事的状态。

三、叶猴族群仅分布在热带亚洲

由于《圣经》把人称为"万物之灵之长"，因此现代人就把人和模样相似的那些动物称为"灵长类"。我们综观现存灵长目动物在地球上的分布格局，可划分为四个中心：

第一个中心在马达加斯加。当高等的灵长类尚未在地球出现的8000万年前，马达加斯加岛便从南亚漂离出去，使岛上的原始灵长类的祖先能够在不受压迫的情况下独立演化而独具一格，它们具有尖尖的鼻子，乍一看很像狐狸。现存的原猴亚目的狐猴仅分布在马达加斯加岛。

第二个中心在新大陆。仅分布于中、南美洲的一部分高等灵长类动物，由于它们两个鼻孔间相距较远并向外侧开口，因此被称为阔鼻猴超科，同时也被叫作新大陆猴，其中最著名的代表就是卷尾猴。它们的尾巴十分发达，因尾巴的前端腹面的长毛及皮肤有似指纹般的皱纹而有"第五只手"之称，可以像手一样自由地摘取果实。

第三个中心在旧大陆，包括非洲和亚洲，是猴类和猿类等灵长动物进化史上最成功的一支。它们的发生中心在非洲，然后通过多次扩散进入亚洲，并占据着旧大陆的许多地区，其中最成功的一支就是人类，他们的足迹布满全世界。

第四个中心在热带亚洲。叶猴类是叶食性的灵长类，其食物中有99%为树叶。它们的胃中具有共生的细菌与原生动物，可以帮助溶解与消化树叶。它们仅分布在亚洲南部至东南亚一个十分特殊和局限的生态地带之中，且在地球上出现的时间很短，种的分化从更新世初期才开始。

四、叶猴族群是"地球上的新客"

已知狐猴祖先可追溯到7000万年前；新旧大陆的猴和类人猿也在3000万年前出现；唯有叶猴的祖先至今仍不清楚，我们因此称它们为"地球的新客"。

叶猴家族最早的化石种（*Presbytis sivalensis*）出现在巴基斯坦的第三纪中新世（距今800万～550万年前）地层中，被普遍认为是叶猴的祖先种。随后，叶猴化石（*Presbytis* sp.）广泛分布于印度和巴基斯坦，由此推测印巴次大陆是叶猴族群的发生中心。至上新世（距今360万～340万年前）向印度东部扩散至缅甸，并在海平面下降了50米的时候，古叶猴再向东南沿印度洋东岸向东南亚迁移；而当中新世晚期（距今约280万年前）地球又一次处于寒冷期，海平面下降了100多米时，古叶猴中的一支（*Presbytis* sp.）扩散到热带亚洲最南端的巽他古陆。

在未能找到更多化石证据的情况下，研究者们从研究DNA的足迹证明，到达巽他古陆的这支古代叶猴在早更新世早期（距今约210万年前）发生了分化。Jablonski等认为，在距今190万年前，出现在中爪哇的古代叶猴化石与早更新世晚期出现体型较大的大陆型叶猴（*Trachypithecus* sp.）化石形态结构已经很相似。

我们在这里所展示的这枚古代叶猴的下颌第三下臼齿的化石（图1-6b），是叶猴家族在中国出现的最早记录，我们将其命名为"崇左叶猴"。其牙齿的形态，包括其中细致的牙尖形状与数量，都

与其祖先 *P. sivalensis* 的第三下臼齿的齿尖形态与数量十分相似（图1-6a）；同时也与现生白头叶猴的第三下臼齿的牙尖形状和数目也十分相似（图1-6c）。形态学上的这些相似特征为我们提供了"崇左叶猴"是现生白头叶猴的直系祖先的证据，它们与最早出现在印巴次大陆的祖先 *P. sivalensis* 是一脉相传的。

生命演化的历史如同连续流动的河水，瞬间出现的某种生命形式，在下一瞬间便发生了改变。因此没有任何一种生命形式能两次蹚过同一条河。

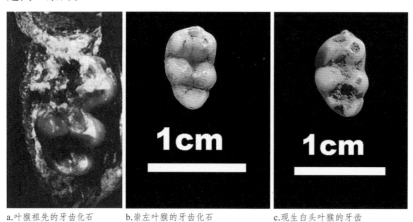

a.叶猴祖先的牙齿化石   b.崇左叶猴的牙齿化石   c.现生白头叶猴的牙齿
图1-6   现生白头叶猴第三下臼齿与叶猴祖先、崇左叶猴第三下臼齿的化石对比

五、白头叶猴的由来

这里我们所要讨论的是：白头叶猴的种化过程是如何产生的？

我们在研究基地内的石灰岩洞穴中经过10年的挖掘，终于发掘出距今160万～120万年前白头叶猴祖先的牙齿化石。它成为叶猴族群从热带亚洲南部向北扩散到达中国历程上的一座纪念碑。

我们认为，从古叶猴演化为白头叶猴与下列的地质历史生态事件有关：

第一，在距今140万年前的第四纪第一次严重冰期期间，因全球海平面下降，西太平洋大陆架也因此露出海面并很快形成一条热带丛林的通道，为古爪哇叶猴提供了向北迁移的机会。当时的北部湾还没有形成，而是与越南、泰国、马来西亚和印度尼西亚连成一片滨海的平地。使古爪哇叶猴能顺利到达中国南部，并翻越十万大山进入左江与明江包围的喀斯特石山区。

第二，大约在距今120万年前，第四纪第一次冰期结束，海平面也随之回升，使西太平洋大陆架又一次沉入海底。滔滔的海浪阻断了古爪哇叶猴的回乡之路，它们只好以左江南岸为家，并逐渐改变自己以适应这里的自然环境。

第三，左江和明江成为古爪哇叶猴天然的屏障，阻止了它们的基因流向外迁移。因此，自古以来它们就在一个封闭的"陆地孤岛"中演化成为一个独立的新种。

化石种"崇左叶猴"的牙齿被埋藏在距今160万～120万年前的"崇左三合大洞巨猿动物群"［即研究基地的"FJC（飞机场）大洞"］的堆积物中。我们在这个化石动物群埋藏地中所发现的82种动物全部都为东洋界的哺乳动物，都属于热带亚洲的动物群成员，其中的部分种类还一直在研究基地内延续至今（图1-7）。

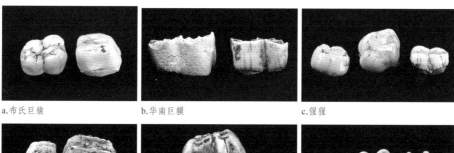

a.布氏巨猿　　　　　　　　b.华南巨貘　　　　　　　　c.猩猩

d.剑齿象　　　　　　　　　e.乳齿象　　　　　　　　　f.野猪

图1-7　"崇左三合大洞巨猿动物群"中几种哺乳动物化石

科学家们认为，新物种之所以会产生，常常是因为其古老直系中的一部分成员遭到了孤立，且随之而来的是迫于自然选择，不得不在行为方式和外部形态上进行一些改变，直到它们完全与生活环境（包括物理化学的和生物的环境）相适应，之后，一个新物种便诞生了。就白头叶猴的产生而言，它们自古以来就被限制在左江和明江之间的喀斯特石山里：在这小片被江水围困的"陆地小斑块"之中经受自然选择的考验。我们把它们的直系祖先称为"崇左叶猴"，它们的演化应当是在缓慢地变化过程中逐步种化成为今天的白头叶猴，全部的时间不会超过120万年。因此，就其演化的历史长度而言，白头叶猴只能算是"地球上的新客"。

六、白头叶猴既是广西的固有种，也是广西的特有种

地球上任何一种动物只能起源于某一地区，科学家就把这个地区称为这种动物的发生中心。科学家把一直生活在其发生中心的动物，称为这个发生中心的固有种。例如，马来貘、苏门答腊犀牛和红毛猩猩（图1-8a，b，c），它们都发生于巽他古陆的热带雨林，并且至今仍生活在加里曼丹、苏门答腊和马来西亚等地，所以它们便是这些地方（现在的南洋群岛）的固有种。

如果一个物种仅分布于地球某一地区，它便被称为该地区的特有种，例如大熊猫（*Ailuropoda malanoleuca*）（图1-8d）最早的化石于160万～120万年前出现在"崇左三合大洞巨猿动物群"中，另一个大熊猫小种（*Ailuropoda microta*）的化石最早于260万～160万年前出现在广西柳江的巨猿洞中，可以认为它们的发生中心都在广西。后来它们的种群扩展并逐渐向北方散布，其分布区曾经遍布中国东南部的广大地区，只是最近几百年间，才丧失了许多低山河谷的栖息地，被迫退居到青藏高原东部边缘的高山峡谷及秦岭南坡的崇山峻岭之中。如此看来，自古

以来大熊猫的分布区仅限于中国的南部，而没有出现在其他国家，因此它就是中国的特有种。

a.苏门答腊犀牛　　　　　　　　　　b.马来貘

c.红毛猩猩　　　　　　　　　　　d.大熊猫

图1-8　固有种与特有种

100多万年前，从爪哇岛上迁移过来的那支古叶猴，自进入被左江与明江包围的"陆地孤岛"之后就没有离开过，并一直演化到了今天（图1-9）。我们分析过散布在珠江流域的5个巨猿动物群的化石和2个

分布在长江南岸巨猿动物群的化石，发现白头叶猴祖先的化石仅出现在
左江南岸的溶洞中，而其他6个巨猿动物群都没有发现叶猴的化石，说
明左江和明江之间的喀斯特石山区就是它们唯一的发生地，因此我们认
为白头叶猴就是左江以南的固有种。由于自古以来它们没有扩散到左江
及明江以外的任何地区，仅生活在这片独特的喀斯特石山区中，因此它
也就是这里的特有种。对崇左而言，它是崇左的固有种和特有种。

　　一个独产于中国广西崇左地区的特有种，它不仅仅是崇左人的自
然财富，更是全体广西人的精神财富，是令中国人民为之骄傲的白头
叶猴。我们有理由相信，随着中国的经济增长和人们小康生活梦想的
实现，白头叶猴未来的兴旺一定会更胜今天；其随遇而安和坚忍不拔
的适应能力，使之能在喀斯特石山之中生长良好。每当清晨或傍晚，
轻柔的风吹过弄官山的山谷，一群又一群的白头叶猴在北热带广袤的
季雨林间自由自在地奔逐，它们就是今日左江南岸自然生境中最浓墨
重彩的画面。我们可以设想，百年之后，这里的石山森林必将更加茂
密，崇左人民一定能过上更加富裕美好的生活。冥冥之中确实有一种
若隐若现的自然魔力，左右着崇左人的情怀，它伴随着这片土地的生
命节拍，顽强地跳动。

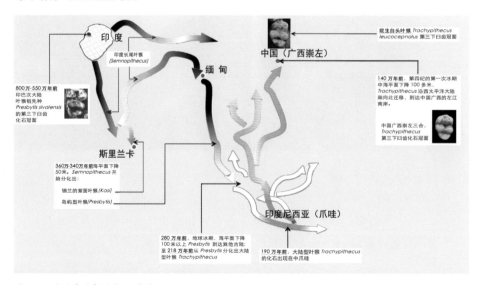

图1-9　叶猴家族起源与迁移图

第二章 丛林日记

白头叶猴独产于广西西南部
北热带季雨林的喀斯特石灰岩山区

5 周岁的雌性白头叶猴"贝贝",

历经 5 个多小时,

在深夜 01 时 53 分,

面对近在咫尺的摄像机,

艰难却很从容地生下她的第一个小宝宝。

一、进入荒野

1996 年 11 月 8 日

日已向晚，一辆牛车载着我们的行李和生活用水在荒无人烟的河谷缓缓前行（图 2-1a），只有车轱辘的"吱吱呀呀"声和车上水桶时不时相撞的声音搅扰着四周的安宁。牛车把我们带到了一个遥远的角落，河谷里除了撒落着几根木薯的枝干，再也看不到其他人类活动的痕迹。没有村庄，没有灯光；月亮尚未升起，满天星斗在闪烁。

我们选择了一个高出河谷十五六米的石灰岩山洞作为宿营地（图 2-1b）。

a.牛拉车　　　　　　　　　　　　　b.洞穴生活

图2-1　1996年11月初，潘文石教授依靠牛车送一点点生活用水住在弄慕山区的洞穴中，开始了对白头叶猴的研究

在弄慕山区，我们起早摸黑，每天观察一群猴子，可是猴子却越来越难以看到。

这是一片由于缺水，人类还无力开发的山区。农民说这里已经有两个月没有下雨了，猴子都到有水的地方喝水去了。

我也感到难以在此地生活，别说洗漱，就连生活用水——喝的、煮饭的、洗东西的水，都必须靠牛车到7千米外的水坑去汲取，如此艰难的环境使我们难以把研究进行下去。我们必须找到另一个地方：

第一，有水可以维持正常的生活；

第二，选择一个人与动物之间存在激烈冲突的地方进行保护生物学研究。

二、闲置的军营——荒野中最初的野外驻地

1996 年 11 月 17 日

我们离开进行了 10 天研究的弄㟖山区，转到位于崇左县罗白乡三合屯对面一个闲置的军营。在一间四面透风但尚可遮风避雨的营房，用几块水泥砖和残破的旧木板搭了张很矮的床。这就是我们最初的野外驻地（图 2-2）。

简单收拾完后，便找来几块石头垒了个灶，再捡来一些干枯的树枝和树叶，烧开一瓶矿泉水泡了一包方便面。

a.火堆　　　　　　　　　　　　　　　　　b.闲置的军营

图2-2　最初的野外驻地

翌日一早，我们沿着山边一条崎岖小路进入喀斯特石山区。

这里是弄官山区，石山的基座一个连着一个，具有典型的峰丛地貌，水分都从地下渗走了，土地干旱而贫瘠。从20世纪70年代以来，由于人口的增长，人们年年都要在山弄里开荒垦殖，致使农田和白头叶猴的分布区形成犬牙交错的镶嵌状态，导致人和野生动物都必须生活在同一个严酷的生境之中。

为什么白头叶猴每天晚上都必须克服艰难险阻，爬到悬崖绝壁的洞穴里过夜？洞穴所在的位置必定向崖壁凹入，洞口顶上还要有突出如同

屋檐一样的岩石遮盖为之阻挡雨水，洞口邻近石壁的边缘四周不生长大树（图2-3）。每当我们看到那些年幼的小猴和挺着大肚子的怀孕母猴在黑暗中小心翼翼地向洞穴攀爬时，尤其在下雨湿滑的夜晚，都要为它们的安全捏一把冷汗。

图2-3 白头叶猴夜宿地

看多了想多了就明白其中的原因：20世纪50年代前广西被称为"树海"，而弄官山区的原生环境也曾经森林密布，野生动物繁多，白头叶猴如果在平地上活动，就很容易遭受像豹、老虎、豺、金猫、蟒蛇等食肉动物的袭击，因此，它们晚上只有攀上悬崖才能安全；同时在平地上，由于白头叶猴与同等生态位的猩猩、猕猴等在食物方面的竞争也很激烈，因此它们只能往高处觅食。虽然现在山谷里的森林差不多被砍光了，很多凶猛的野兽也几乎不复存在了，但是早年的生态压力使白头叶猴演化形成的这种行为模式，决定了它们选择在喀斯特石山的悬崖峭壁上安家。

每个物种必须生存在一个健全的生物群落之中，而一个生物群落要生存下去，其内部的生态学过程必须达到平衡，否则构成这个群落的物种将逐个相继消失。本来弄官山区的白头叶猴生活在"石山丛林"生态系统之中，当地农民则在石山区外围以耕种水田为生。后来因为人类为了养活不断增加的人口，才进入石山区砍伐森林，放火烧山清除灌木和杂草，开垦土地，种植作物，如木薯、玉米和甘蔗。开发的初期，农民还能从开荒垦殖中获得一些生存的资源。但当水土流失异常严重，清澈的小溪被泥石堵塞，土地变得干旱而贫瘠的结果是庄稼收成很低，只能施用化肥以增加收成；而严重的病虫害更让农作物生长的状况很差，又不得不喷洒农药除虫，后果是污染水源，影响了许多人的健康，导致当地居民普遍肝肿大，当地成为肝癌的高发区。在物资严重缺乏的时期，人们则以捕杀野生动物来解决生存问题。

当地百姓能否继续生存下去成了严峻的问题！

我们希望在生态学危机突出的地方建立研究基地，要尽一切努力保护野生生命。同时要努力寻找到某种适宜的方法，以便减缓这里的人口、野生动物与土地之间的紧张关系。

三、初期的研究

尽管在原广州军区这个闲置的营区里建立了一个可以开始研究且能够勉强生存的"家"，但是当地生活条件的艰难还是出乎潘文石教授的意料。由于附近乡镇百姓生活艰难，连方便面、蜡烛等维持简单生活的物资都没有售卖。因此，当潘教授吃完从北京带来的所有食物，正苦恼如何继续维持生存的时候，时任崇左县县委书记韦均林不知如何得知此消息后，便让司机每周三和周六分别接潘教授到县政府食堂吃一顿晚饭，然后将剩菜并加菜打包带回野外驻地，潘教授计划着食用，依靠这样才勉强度过其余的日子，将刚开始的研究工作坚持了下来。

最初的几年，由于受到研究设备的限制，潘教授和学生们绝大多数时候只能在山脚下用简陋的望远镜和照相摄像设备远距离观测白头叶猴（图2-4）。

图2-4　潘教授和早期的几位博士生（从左至右依次为靳彤、殷丽洁、潘文石、陈艾、冉文忠、王德智）在野外进行观察记录

在崇左县政府的帮助下，2001年潘教授在闲置的军营中建起荒野中的第二个家——北京大学崇左生物多样性研究基地（图2-5）。

图2-5 荒野中的第二个家

四、近距离观察

随着科学研究工作的深入，才知道需要了解和学习的东西很多。虽然一些关于白头叶猴自然历史的问题在此前的研究中已获得解决，如白头叶猴的行为学和生态学等，但是新的科学问题——"社会生物学"却是一个几乎没有科学家深入研究过的课题。白头叶猴在哺乳动物进化阶梯上已经是一种比较高级的灵长类动物，它们拥有高度发展和互助合作的社会生活。要对它们进行了解，只有直接的、不附带任何假设前提的观察，才能展示真实的、全新的科学发现。

就我们所知，最早是在1969年，美国的科学家第一次把一个带有传感器的无线电发射器佩戴到黄石公园一头棕熊的颈上进行了成功的研究之后，采用无线电装置跟踪野生动物就成为在荒野里研究它们生态学的时髦方法。1980年至1996年，我们从四川到秦岭，在研究大熊猫的时候也采用了这种方法（图2-6），取得了良好的效果，并积累了大量真实的资料，发表了多篇论文和出版了研究专著，促成了在秦岭南坡建立"长青国家级自然保护区"，卓有成效地保护了该地区的大熊猫。不过，我们已不满足于仅仅通过无线电提供的信号来了解动物的社会行为，这是很有限的。也有人建议我们采用给白头叶猴佩戴无线电跟踪颈圈的研究方法，但至今为止，在弄官山区研究白头叶猴的全过程中，我们都没有采用这种方法，而是想尽办法在不影响动物的状况下，尽可能近距离地与动物面对面。

图2-6　潘教授在秦岭给大熊猫佩戴无线电跟踪颈圈

从2008年末开始，由于能够近距离观察白头叶猴并进行了个体识别，我们真正了解到它们与我们一样也有血有肉，是有喜怒哀乐的动物。它们拥有一定的主观经验，与人类没有太大区别；它们会爱和依恋，还会与我们长期保持真正的友谊。

与它们近距离地面对面，我们是如何做到的呢？

　　我们要深深地感谢政府机构、原广州军区和一系列的社会团体的大力支持，因为他们才使我们得以尽可能地接近白头叶猴，才能逐步做到与白头叶猴面对面。深圳万科集团原董事长王石先生和万科集团设计并资助我们在野外建成了一座35米高的野外观测站。观测站的外形用人造树枝做了掩体，远看观察小屋就像建造在3棵大树之上，因此我们将其命名为"树屋"，也叫"三棵树"。在"树屋"的最顶层，我们就可以在30～40米的距离之内与FJC大洞群的白头叶猴面对面。观测站的建成使用，给了我们许多意外的发现，从而开启了白头叶猴种群的社会生物学研究（图2-7）。

图2-7 "树屋"与周围美丽的喀斯特石山风光和谐地融为一体

五、在"树屋"上

2009 年 3 月 21 日

黎明前下起了小雨。尽管南方已进入 3 月下旬，但气温仍下降到了 5℃。

为了对 FJC 大洞的白头叶猴进行昼夜观察，我和铁流一夜守在"树屋"上，每隔 15 分钟打开一次手电，进行一次观察并记录。此时的叶猴们为了避寒而大都躲到洞穴里睡觉。

05:00，当我把手电光射向大洞东边的"瀑布区"时，看到已经当外婆的 11 岁的"岚岚"把四肢趴在"瀑布区"的峭壁上，一动不动地把身体腹面紧贴在冰冷的岩壁上，为住在洞穴中的叶猴保暖，她这一行为引起我的注意。

05:17，"岚岚"弓起身体，并把她怀里的小黄仔交给洞穴里那只年轻的雌性。

05:18，我看清年轻的雌性就是"甜甜"，她是"岚岚"5 岁的女儿；"甜甜"从母亲手中接过的小黄仔就是今年 1 月 27 日出生的自己第一胎女儿"雯雯"。

05:18:30，"岚岚"把后腿弯曲起来，在自己的身体与石壁之间空出一条小缝，让怀抱"雯雯"的"甜甜"从洞穴中爬出来。

05:19，"岚岚"在前引路，"甜甜"怀抱"雯雯"跟着向下移动 20 米到达"缺缺洞口"左边的树上。

05:23，"岚岚"从树枝跳上绝壁，在湿滑的岩壁上挑选通往大洞顶上的道路，并引导怀抱她孙女的"甜甜"向上攀登；在几处险峻难以通过的地方，"岚岚"会停下片刻，等候"甜甜"母女通过；在最危险的地方，"岚岚"都伸出手扶持"甜甜"母女一把（图 2-8）。

"铁流，刚才都用摄像机记录下来了吗？这就是'隔代照顾'的行为！"我激动地说。

　　"我用 Canon HLX1 摄像机跟踪拍摄了，不过光线太微弱，图像不会很好。"铁流回答道。

　　"树屋刚建成就有这样意料不到的了不起的发现，我们一定要改善设备和灯光……"

潘文石 2009.3.21 清晨于树屋上

图2-8　隔代照顾，在幼仔性命攸关的早期，年长的雌猴会帮助女儿辈的年轻雌猴携带或照顾孙儿辈的黄仔

在2009年，关于动物界中是否存在"隔代照顾"的问题，由于没有确切的野外记录，因此这个问题的答案一直令人存疑，普遍认为只有人类社会才具有这种行为。潘教授从秦岭的冰山雪野来到广西热带丛林，是为了想从与人类一样属于灵长类的白头叶猴社群结构的模式及它们分工合作的行为方式去探索人类祖先的行为倾向。在与白头叶猴共同生活了13年之后，突然于2009年3月21日，完全在未能预料的情况下的这一发现让我们激动万分，我们认为这是一次具有突破意义的历史性记录。

六、新的队伍和新的手段

2008年末，我们曾在FJC大洞正面距离地面60米高的绝壁上，依靠岩壁上的树木、藤蔓作为支撑，架设了狭窄的悬空栈道到达FJC大洞下面，然后爬上那株生长在绝壁上的石山榕，再搭建一个5米高的木梯到达白头叶猴夜宿地下方3米的一处小台阶上。我们在此处安装了一个简易监控设施，对着FJC大洞群白头叶猴进行昼夜观察，而接收图像及声音信号的电脑设备则安装在石洞里边（图2-9）。只是，栈道和木梯没过几天就已经被叶猴们的粪、尿覆盖，飘雨的时候尤其湿滑，攀爬异常艰险。

我们都意识到，研究工作已经进入到一个全新的阶段：要依靠直接观察的描述和笔记，更需要辨识每只个体的行为关系和随时间而发生的变化。必须采用照相机和摄像机清晰地记录所见到的事件，在实验室对视频进行反复观看分析，这样才能进行客观研究而不是主观推测。

这就需要建立新的研究队伍，而对于研究者的严格要求是：能够熟练使用摄像、照相设备，并在每日的野外工作中客观地记录白头叶猴的行为，同时又能在实验室中运用计算机采集、整理和分析各种信息并建立数据库。这些工作需要很强的专业性。

a.岩壁上的栈道为深入研究建立了基础

b.最初安置的简易昼夜监控设备

图2-9 最初改造的野外监控设施

2009年，就在我们开始转向对白头叶猴社会生物学研究的时候，时任北京大学校长周其凤院士为这项研究提供了关键性的拨款；2009年10月，以"树屋"作为基础，来自北京的几位年轻工程师潘岳、赵一、张向东、张超、尤文魁、李田……专为研究基地设计了远程实时监视和监

控系统，于当年11月成功地把一套高清晰度的彩色摄像机和配合夜视监
控装置安装在"树屋"上；又在距离100米以外的海拔230米的FJC东山
垭口上架设了一个5米高的太阳能无线信号传输天线。如此一来，研究
人员就可以随时在700米之外的实验室操作设备：操控设在"树屋"的
远端摄像机，进行实时监控和观察，并根据需要随时进行录像；同时实
验室工作人员也可以与"树屋"上的现场研究人员随时进行语音通话。
有了这套高清监控系统，使一项原来只能依靠野外原始观察的研究发展
到可以进行实验室同步观察录像的阶段（图2-10，图2-11）。

a. 监控设备布局图

b. 监控设备组图

图2-10　为研究基地"量身定做"的远程实时监视和监控系统

图2-11　潘教授和周其凤校长在实验室监视器前实时观测白头叶猴的野外动向

与此同时，为了近距离面对面的观察与记录，我们在高出地面70米的峭壁上用钢材搭建了一个几乎与FJC大洞群夜宿地零距离的观察及拍摄平台（1＃台），使研究人员可以携带沉重的仪器设备在最近距离观察和拍摄FJC大洞群的活动状况。

叶猴们常常在天黑时才回到夜宿地，在暗淡的自然光下很难观察并拍摄清晰的图像。我们寻遍了南宁市，终于找到了合适的照明设备。观察发现，白头叶猴活动如常，并没有受到灯光的影响（图2-12，图2-13）。

从2010年开始，顾铁流组建并培养了一支吃苦耐劳的专业队伍，同时得到了南宁电视台和索尼中国专业系统集团的高清拍摄设备的支持，我们还在FJC群经常移动的路线上建起了4个高出地面8米的野外工作台。当叶猴们移动途经工作台附近时，我们就可以在2～3米近距离之内观察、拍摄和记录到它们的活动状态和社会行为。几年下来，FJC群白头叶猴对我们的存在已经习以为常，把我们和工作设备都视为其栖息地中的一部分，甚至可以在我们身旁随意觅食、休息或玩耍打闹。我们还在海拔200米以上的山顶上开辟了2个观察点，这些都为我们创造了几乎全天候的工作条件，为深入探寻白头叶猴的社会行为积累了大量的资料（图2-14，图2-15）。

图2-12　增加了照明设备的"树屋"

图2-13　有了照明设备的帮助，潘教授可以在"树屋"上清晰地观察白头叶猴的夜间活动状况

图2-14　专业队伍连续地观察、记录

图2-15　潘教授和他的研究团队持续不间断地在野外工作

七、个体识别

要研究白头叶猴的社会结构，最要紧的工作是从个体识别开始。

起先我们采用辨认人的方法，用相机拍下白头叶猴的面孔后，在图像上仔细地分辨与比较它们的外部特征：这一只的颧骨宽而高，那一只的窄而扁平；这一只的下巴尖有些瓜子脸的模样，另一只则是圆圆的下颌；或者比较它们身上黑、白两种毛色的分布与比例，比较不同个体发冠与披肩的形状，等等。但我们发现，仅仅依靠上述这些特征的差异要在个体之间做出区别很不容易，特别是要让每位研究人员在野外采用同一个标准进行辨认更是一件十分困难的事。因此，我们必须找到白头叶猴身体上那些终生不变或长时间不变又可以清晰辨识的特征，作为研究人员统一使用的识别标准。

从野外跟踪拍摄到电脑上图像分析，我们特别强调要注意的是，在每只雌性叶猴的鼠蹊部有一小块三角形的白色皮肤上都有与生俱来的黑色斑点（图2-16）。由于个体间黑色斑点出现的位置和形状存在显著不同并终生不变，因此我们就把这些拍摄资料输入计算机进行研究分析，建立个体档案数据库（表2-1）。对于雄性个体的辨认，因为它们在入主某个家庭时都必须进行残酷的争斗，所以在耳朵、脸部或尾巴等身体的一些部位或多或少都留下了明显易见的疤痕（图2-17），我们也把这些信息拍摄下来并存储到数据库。

表2-1 年FJC大洞群和小洞群部分雌性白头叶猴的鼠蹊部三角区斑纹
形态鉴别特征及年龄（至2017年）

雌性姓名及年龄	阿针（约30岁）	迎迎（19岁）	岚祺（14.8岁）
鼠蹊部三角区斑纹形态鉴别特征			
雌性姓名及年龄	平平（19岁）	岚岚（19岁）	甜甜（14岁）
鼠蹊部三角区斑纹形态鉴别特征			
雌性姓名及年龄	亚夕（12.9岁）	贝贝（13岁）	雨妹（10岁）
鼠蹊部三角区斑纹形态鉴别特征			
雌性姓名及年龄	清明（7.7岁）	佳佳（6.8岁）	小迎（5.6岁）
鼠蹊部三角区斑纹形态鉴别特征			

a.1岁的"小岚"

b.1.5岁的"小岚"

c.5.8岁的"小岚"

图2-16 雌性个体"小岚"（2012年3月28日出生）全身照及其鼠蹊部三角区斑点特征照

"印堂小凸"右耳缺刻特征

a. "印堂小凸"

"渔翁"左耳缺刻特征

b. "渔翁"

"右缺"右耳缺刻特征

c. "右缺"

"小六"左耳缺刻特征

d."小六"

图2-17　公猴特征照

八、野外工作成效

　　研究队伍的所有成员都专心于全天候的工作，尤其在白头叶猴的产仔季节，必须时刻分别守候在"树屋""1#台"和研究大楼的实验室监视器岗位上。终于，辛勤的工作又有了回报，一件意料不到的瞬间出现的行为，在野生动物行为学的研究上具有历史意义的事件又被记录下来了。

　　2010年1月13日

　　夜很黑，天很冷。

　　20:50　我们在研究基地行为学实验室的监视器上，看到树屋上的红外光夜视摄像机中传来 FJC 大洞这样的状况：年轻的雌猴"贝贝"在夜宿地上表现出异常的行为，她一次又一次四肢着地，一次又一次把头趴在石头上并抬起臀部，潘文石教授判断这是分娩的前兆——子宫收缩活动所引发的阵痛行为。

潘教授立即分配工作任务：①顾铁流和助手带上高清摄像设备上 1 ＃台；②我和助手带上高清照相机，赶到"树屋"打开照明灯光，接通与行为学实验室的视讯通话设备；③潘教授和潘岳、赵一及其他研究助理则守候在研究基地的行为学实验室，控制高清监视器。

我们都注意到大洞群叶猴跟往常一样平静：除了三四只叶猴还有些轻微动静，其他叶猴已经熟睡了，只有"贝贝"独自站在夜宿地 1 ＃台的一块岩石平台上，她的妈妈"平平"坐在她的左侧 2 米的地方注视着她。

"贝贝"刚 5 岁，这是她第一次怀孕产仔。只见她一会儿四肢着地抬起臀部，一会儿又坐下；一会儿抬臀并用手和脚撑着旁边的石壁，过一会儿又趴下……这样的动作不断重复，长达 3 个小时。

时间一分一秒地过去，已经来到 1 月 14 日了……

00:01　新的一天来临，可是"贝贝"的阵痛仍在持续，还没有出现分娩的迹象，我们都在为她担心焦虑。

00:07　"贝贝"抬起臀部，看到她鼠蹊部白色三角区处有红色的血水渗出。

"应该快生了。"麦克风里传来潘教授轻轻的说话声。

00:31　"贝贝"在不断重复着"抬臀"和"坐下"的动作后，透明的胞衣出现了。

00:44　羊水往外流，幼仔的脸部和额头终于露出来了。

00:45　可能用力时间过长，疲惫的"贝贝"忽然一屁股坐在石头上，使幼仔刚露出的脑门一下子磕到岩石上，大家不约而同地发出"啊！"的惊叹声。随后的 2 分钟，"贝贝"竟连续 5 个回合"起身—坐下"！

00:48　"贝贝"再次抬起臀部用力，幼仔的头部整个露出来了，可能被憋的时间太长，幼仔脸色蓝紫发绀。而"贝贝"十分疲惫地坐到岩石上，幼仔的头又再一次磕到了岩石，"贝贝"侧身并伸手触摸幼仔头部。

00:49 家庭内大部分叶猴都醒过来。有 2 只年轻的叶猴走近到"贝贝"身边探视她和露出产道的幼仔头。

00:51 "贝贝"身体转了 180°，又连续努力了两次抬臀用力后，幼仔的肩膀出来了。

00:52 "贝贝"伸出右手触摸幼仔，然后扶住幼仔脖子往外拉拽。

00:53 和着血水，连着脐带，幼仔被妈妈拉出来了！"贝贝"低头注视手中的幼仔几秒钟后就开始舔舐它的嘴和脸部，但幼仔好像一点儿动静都没有。难道憋死了？

"小梁，你在'树屋'那儿看得清楚吗？小黄仔是不是都不动了？"潘教授着急的声音通过控制台的麦克风传到"树屋"。

"还没动，不过现在我已经听到小黄仔的尖叫声了！"我紧张激动的声音传到监控室。

"太好了！'贝贝'真勇敢！太棒了！"监控室的阵阵欢呼声从麦克风飘到了 FJC 的夜空中。

00:56 终于，大家看到新生幼仔的手挥动了一下，接着尾巴也摆动了一下。

01:06 还连着脐带的胎盘从母体的产道中完全脱落出来，"贝贝"不断地用舌头清理小黄仔全身的各个部位……

01:41 "贝贝"转过身去，面朝石壁背对着我们，怀里抱着她的宝宝开始休息了。

总共经历 4 个多小时的艰难分娩，她疲惫急极了！

第一次分娩的"贝贝"赤裸裸地对着近在咫尺的摄像机，旁若无人毫不掩饰地生下了她的小宝宝。由于白头叶猴分娩通常都在夜间，因此在野外从来没有被直接观察到，现在能在夜间目睹并拍摄记录下这一幕，将帮助我们揭开白头叶猴社会生活的面纱（图 2-18）。

（梁祖红 观察拍摄日记）

a.出现分娩前
兆的"贝贝"

b.幼仔的脸部
刚刚露出

c.幼仔的头部
出来了

d.幼仔的肩部
出来了

e."贝贝"自
己伸手把幼仔
拉拽出来

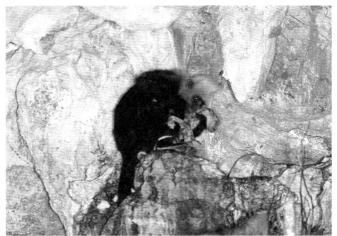

f."贝贝"舔
舐清理新生儿

图2-18　"贝贝"分娩的过程

第三章 家园

它们的庇护所

就在喀斯特石山的生态孤岛上，

包括全部的活动范围：

精心选择的夜宿地和产房，

觅食小区和抵御入侵者的领地。

一、弄官山自然庇护所

在猿还没有演化成人的140万年前，白头叶猴的祖先就已经在弄官山区出现。更新世晚期的气候变化使得与白头叶猴祖先同时代的巨猿和似人似猿等数十种凶猛的野兽逐渐消失，而它却孑遗至今。

在生长在喀斯特峰丛洼地和峰林谷地里的热带季雨林被砍光开垦改成农田的那些岁月里，白头叶猴还可以依靠石山及其周围坡基裙和石山顶上的植物为生而残存下来。这一切表明了：白头叶猴的生存不单单取决于人类的仁善，更取决于弄官山区的自然力量；对白头叶猴而言，弄官山区就是它们最后的栖息地，也就是它们的自然庇护所。

（一）"自然庇护所"的概念

关于"自然庇护所（natural refuge）"的概念，理论上特别强调大自然母亲在保护生物多样性中所发挥的无可替代的作用，不是人类能够替代的；在实践中则是专指一片地理区域独特的地质地貌背景以及其中生物群落的组合，可以有效地阻止人类常规农业和原始渔猎方式的入侵，从而保护了其中的生物多样性。这些或大或小的地区，都有一个共同的特点，就是一片无人居住的荒野；人们有可能在某一个特殊的时期进入其中，但终究无法久居而不得不离开。

弄官山区山势突兀，石峰林立，洼地深陷，陡峭的绝壁上有许多洞穴成为白头叶猴藏身之所，同时在石壁下方的坡基裙还保存着热带季雨林的根基，当它们的地面部分被砍伐之后，埋藏在地下的根茎及种子很快就可以再生长出来。这种状况是由自然力保护下来的，也是人类所无法破坏的。

它是如何形成的？

首先，弄官山区的地质历史可追溯到晚古生代（距今约3亿7

千万年前的晚泥盆纪至2亿9千万年前的二叠纪），当时广西崇左还是一片汪洋大海——属于古特提斯海的一部分，海水中的碳酸盐类（$CaCO_3$、$MgCO_3$等）沉积而形成今日在桂西南随处可见到的"石山"的地质基础。

其次，从白垩纪晚期（距今约7000万年前）到更新世中期（距今约100万年前），崇左地区长时间受稳定的湿热季风所控制，在雨水充足和持续高温的气候下，引起"CO_2（气体）–H_2O（液体）–Ca（固体）"的循环造成了纯碳酸盐岩的强烈溶蚀，而形成了今天我们所看到的峰丛洼地和峰林谷地的地貌状态（图3–1）。

最后，受到喜马拉雅运动第三幕（距今260万～70万年前）的影响，地壳缓慢持续上升。我们推算现在弄官山区白头叶猴夜宿地的洞穴在180万年前后形成。当古爪哇叶猴在距今140万年前到达崇左盆地时，一些已经高出地面30～40米的洞穴可以为当时的叶猴提供安全的夜宿地。后来，石山仍在继续抬升，至今可供白头叶猴栖身的洞穴，一般都已经高出地面70～80米。

图3–1 弄官山区的峰丛洼地和峰林谷地地貌

（二）弄官山区两个相对独立的生态系统

　　20世纪50年代至20世纪末，由于人口的急剧增加，为了满足人们的生存需求，弄官山区植被作为当地百姓唯一的能源来源几乎被砍伐殆尽。

　　1996年11月，当我们来到弄官山区时，正好看到弄官山区周边村寨的农民纷纷进山放火垦荒，数年间，一座座石山就如同农业海洋里一叶叶在风雨中飘摇的"孤舟"，白头叶猴生命活动的全部都被围困在喀斯特石山的"生态孤岛"之中（图3-2），我们把这种现象称之为"生境岛屿化"。农业入侵的结果，使弄官山区形成了两个相对独立的生态系统，即"农民-甘蔗种植区生态系统"和"白头叶猴-石山季雨林生态系统"。

图3-2　弄官山区的"生态孤岛"

　　当你走入弄官山区，很容易便能够识别这两个相互连接又相对独立的生态系统。它们形成的生态学基础是弄官山区的物理因素及生物因素相互作用的结果。它们是在长达260万年的演化中，由各种生态因素共同作用的结果，使其成为一个具有一定自我调节和修复能力的相对独立的生态区域。

我们的研究认为，这个生态区域在维持弄官山区农民生存的同时，也支撑着白头叶猴的继续生存。

我们发现，弄官山区这两个生态系统的分界面就在石山脚下的坡基裙。最近20年来，我们帮助和指导弄官山区的农民修建沼气池，以沼气代替薪柴，从而逐渐停止了对石山及周围植被的砍伐，使得石山坡基裙中留存的植物种子和根茎再次萌发、生长、开花、结籽，弄官山区植被重获新生，弄官山区的农业生态系统与石山季雨林生态系统正逐步走向相对稳定的状态。

坡基裙是一片不容易被人类破坏的区域。我们目睹人们在冬天用火烧荒时，火势会一直蔓延到山顶。但当人们犁地时很快便发现，他们无法利用靠近石山四周的土地，因为这里的土里土外都堆积着大大小小的石头，大的石头如楼房大小，稍小的也有一辆汽车那么大，更小的也就不计其数了。它们在260万年前便开始随着雨水的侵蚀从石山顶上坠落下来并堆积在石山四周，每年在那些石头的缝隙之间都会填埋进热带季雨林植物的落叶和枝干，日久便成为肥沃的腐殖质。每到雨季就会有雨水存贮在它们下面，使得坡基裙中的土壤成为弄官山区最肥沃的土壤，弄官山区植物的种子也就从这里萌发成林。大量的藤本植物也都把根扎在坡基裙里，它们从富含腐殖质的土壤里吸收营养与水分，供养它们的藤蔓爬上石山，使石山四周及山顶充满了生机。当石山上的植物开花结果之后，种子又落入到坡基裙的石缝里，再次等待生根发芽。这就是大自然母亲的恩赐，她构筑了这样一个坡基裙作分界面，把它以外的山弄平地留给人类种植庄稼，而从多石头的坡基裙直至石山之顶便一直成为这里生物多样性的贮藏库（图3-3）。热带丛林能够迅速地复苏，使弄官山区的气候变得温润，生物群落逐步恢复正常的状态，鸟多了，蛇多了，害虫和老鼠就减少了，为当地农业带来了许多好处。

图3-3　坡基裙——弄官山区两个生态系统的分界面，里面生活着世界上最大的毒蛇（橙色虚线范围内）

二、白头叶猴的生活空间

弄官山区的"生态孤岛"就是白头叶猴的生活空间。

（一）巢域

"巢域（home range）"是专业术语，或称为家园，包括了白头叶猴活动的总范围（total range），其中有夜宿地、觅食和饮水区域以及抵御入侵者的全部区域（图3-4）。

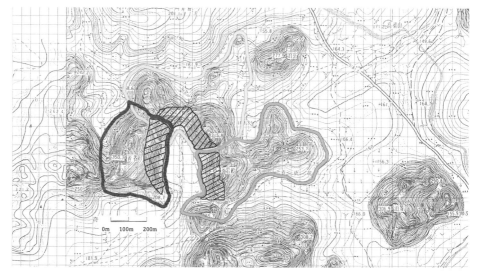

黄色区域为"渔翁家庭群"巢域；红色区域为"西山家庭群"巢域；绿色区域为"印堂小凸过渡群"巢域

图3-4 2015年1月FJC的3个白头叶猴组群巢域（其中阴影部分为各组群的固定领域）地形图

（二）领域

在白头叶猴的家园中，领域（territory）是白头叶猴生活空间中最充满活力的场所，是入赘公猴为了维护妻妾与儿女的安全，而必须通过公开防卫或炫耀的独占区域。

1996年，当我们刚刚进驻FJC时，经常可以听到独坐在高高的树梢上或岩石顶上，甚至因天气寒冷而藏匿在洞穴之中的当家公猴发出单调的"呷"叫声，例如：

1996年12月28日上午，公猴"缺缺"独坐在夜宿地——FJC大洞上方的一棵灌木上，在38分钟里连续不断地发出559次单一的"呷"叫声。

1997年1月23日，浓重的雾霭和冷雨充塞着山谷，"FNS（放牛山）家庭群"新当家公猴"突突"为逃避寒冷的天气而躲在夜宿洞穴内不停地发出单声叫声，从上午9:00持续至11:30才结束。

　　我们认为，雄性白头叶猴单调的叫声不是直接针对可以见到的面对面的入侵者，而是为了保卫领土必须以夸耀的"广播"方式给予声明（图3-5）。成年人主公猴"领域行为"的功能就是保卫其生殖资源和自己的子代，这些资源对白头叶猴"个体适合度"及增加整个弄官山区

图3-5　公猴领域行为的最普遍特征

种群的遗传适合度都具有积极的意义，因此在进化过程中这样的行为就被保存下来了。

我们发现白头叶猴是典型的领域动物，它们的领域形式可以分为"固定领域"和"漂移领域"两种。

1. 固定领域

固定领域是指入主公猴必须常年捍卫的一小片区域。

在我们的核心研究区域（FJC区域）内有4个白头叶猴家庭群。我们总结了这4个家庭群的当家公猴所守卫的领域（图3-6），其地形、地势特征所具有的共同特点是：

①紧紧地围绕在家庭夜宿地的周围；

②领域背靠峭壁，面向开阔的山弄或谷地；

③入主公猴可以凭借自己出色的视力随时看到"固定领域"的前哨阵地，并可凭借自己敏捷的身手能够迅速飞奔去驱赶入侵者。

由此看来，家庭领域空间的大小应由入主公猴的视力及体力来做决定。

黄色区域为"大洞群"固定领域；蓝色区域为"小洞群"固定领域；橙色区域为"西山群"固定领域；红色区域为"泊岳山群"固定领域

图3-6　FJC区域4块白头叶猴组群领域实景图

2. 漂移领域

漂移领域是指白头叶猴所要守卫的区域是移动的，其领域行为在时空上不是固定的。

这里以"无缺兄弟群"（"印堂小凸"的儿子们）在其日常觅食路线上所出现不固定的"领域"为例。

2012年10月至2015年6月，"无缺兄弟群"夜间栖息在"FJC小洞"或"五栋房顶"。白天在研究基地和FJC小洞范围内觅食。当遇到同种的竞争者或"不安全"因素时便会出现领域行为。我们跟踪观察发现，当它们在研究基地附近移动时，"临时领域"也随时间和空间而不断发生变化。如在觅食移动的路上，随时都可能遇上同种的其他个体，发生"领域"争端时，就会有防御的行为表现；当相遇的2个猴群各自避让之后，领域行为也随之消失。我们就把这种临时出现领域行为的地方称为"漂移领域"。我们把2015年6月6日对"无缺兄弟群"进行全天跟踪观察的记录绘制在图3-7里，图中阴影部分表示这个时间段内此范围是"无缺兄弟群"的"漂移领域"。

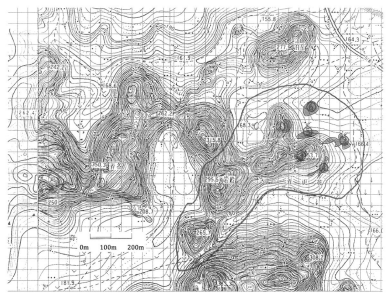

①06:30～07:40；②08:00～09:10；③09:30～15:00；④15:10～16:00；⑤16:15～17:15；⑥17:20～18:30
图3-7 2015年6月6日"无缺兄弟群"的"漂移领域"示意图

三、白头叶猴的生活节律

地球上所有的生物在它们漫长的演化过程中，已经适应于把自身的活动节律按地球的光暗周期进行调节，它们的生物钟都十分精确。

我们在弄官山区的野外记录都表明，白头叶猴的生活节律也随着环境因素的改变而发生一些变化。比如冬季寒冷天气的早晨，或是早晚降雨的时候，栖息地温度或湿度的状况对白头叶猴的活动来说是十分重要的环境因素，会影响白头叶猴清晨起床并开始活动的时间，也会制约它们夜晚入睡的时间。即白头叶猴在寒冷或阴雨天气，起床时间会延迟，而同时傍晚返回夜宿地的时间也常常会提早。以下为白头叶猴日活动基本规律。

05:30～07:30　醒来后轻微活动，继续在夜宿地附近停歇。

06:00～09:30　开始早上的活动。入主公猴负责瞭望，带仔的成年母猴哺乳，其余个体在夜宿地附近停歇或做轻微活动。

08:30～10:30　上午活动高峰期。全群离开夜宿地后边移动边采食，入主公猴在移动与采食的同时负责防御。

10:30～12:00　全群移动到山脚或山腰树丛茂密的地方休息。

12:00～14:30或15:00　猴群午休时间。

14:30或15:00～17:00　猴群白天第二个采食活动高峰期。

17:00～18:00　猴群向夜宿地移动，回家。

18:00～19:30　猴群爬上峭壁，逐个进入夜宿地；而入主公猴此时还要在高处瞭望，等家庭成员全部进入夜宿地之后，牠最后进入夜宿地。

18:30～20:00　猴群坐在夜宿地上，有拥抱、梳理、抢抱黄仔、呈臀、交配、哺乳等行为。

20:00～05:30　睡眠（在23:00～23:30和04:30～05:00会出现极少的临时排泄行为），猴群处于安静的休息状态。

白头叶猴是一种典型的昼行性（diurnal）动物，而且昼夜活动有一定的规律，"日出而作，日落而歇"便是它们所采用的精确的昼夜活动程序（图3-8）。

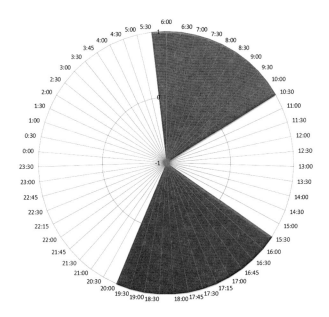

红色表示活动，无色表示休息

图3-8 2014年6月6日白头叶猴00:00～24:00活动节律图

四、白头叶猴的觅食对策

食物对于动物的生存是绝对必需的。因此，每只白头叶猴从每天的觅食活动中所获得的能量一定要多于它们在觅食活动中所消耗的能量，这就决定了它们必须合理地在自己的"家园"中采用适宜的觅食对策，即需要选择吃什么样的食物和到什么地方去吃，才能保障其全年各个季节都能获得其全部生命活动所需要的能量供给。

在食性上，白头叶猴是广泛植食性的动物，能够取食并消化很多种植物。

　　白头叶猴是如何利用栖息地里种类繁多的食物资源的呢？"最适觅食理论"的观点认为："当环境中食物丰富的时候，动物所吃的食物种类应当较少；而当环境中食物贫乏时，动物所吃的食物种类就会较多。"

　　2015年2月中旬，当潮湿的空气从东南方向越过十万大山进入崇左盆地的时候，铁线莲的簇簇白色小花就会在弄官山区迅速怒放。我们看到有一只长尾缝叶莺率先站到枝头上鸣唱，尽管声音十分响亮却一连几天也吸引不到一只雌鸟。仅有一只鸟儿歌唱说明不了春天的到来。但是一周之后，当一大群斑纹鸟呼啸而至，冲破FJC的雾霭落到斑茅结籽的花穗上时，冬天就真的结束了（图3-9）！

a.铁线莲的簇簇白色小花

b.停歇在斑茅花穗上的斑纹鸟

图3-9 春天的弄官山

早春的风吹进了FJC，白头叶猴们闻风而动，依据经验开始寻找构树的花芽和叶芽（图3-10）。下面是我们对"印堂小凸家庭群"觅食行为的一段观察记录：

2015年2月25日　生长在FJC大洞下边那棵构树新芽长度只有1.09厘米（n=50），没有看到白头叶猴前来觅食。

2015年2月26日　"印堂小凸家庭群"来到大洞下边坡基裙觅食葛、青檀、榕、海南翼核果、苹婆、银背藤、灰毛浆果楝7种植物的叶子，直到把胃充满。这时构树的新芽长度为1.6厘米（n=10），没有看到一只白头叶猴光顾构树。

2015年2月28日　"印堂小凸"爬上还显光秃的构树枝条上，仅采食3个新长出的雄花序（此时新芽长度达到4.2厘米，n=50），但它很快就离开，去采食青檀、榕和山柑藤3种植物的新叶，直到吃饱离开。

2015年3月1～3日　连续3天，没有观察到"印堂小凸家庭群"进入FJC大洞坡基裙觅食小区，推测它们到其他地方采食了。

2015年3月4～5日　"印堂小凸家庭群"进入FJC大洞坡基裙觅食小区，采食青檀、葛和榕直到胃充满；没有问津构树，虽然构树的新芽已经达到5.5厘米（n=10）。

2015年3月6日　"印堂小凸家庭群"的"007"和爸爸及2个哥哥采食构树，新芽长度此时达到8.2厘米（n=10），但它们只取食了不到5分钟就离开了，和其他家人一样都去采食青檀、葛和海南翼核果，直到食饱离开。

2015年3月7～9日　连续3天，"印堂小凸家庭群"只摘取青檀、海南翼核果充胃，不摘食构树新芽，虽然新芽长度都已经超过10厘米（n=10）。

2015年3月10日　我们终于看到"印堂小凸家庭群"进入FJC坡基裙采食小区。它们从一开始就仅采食构树的雄花序直到吃饱，未发现它们吃其他种类的植物，这时构树的嫩叶也展开来了，同时雄花花序长度普遍超过15厘米。

a. "印堂小凸"查看构树花芽（2015年2月28日）

b.采样取食构树雄花序（2015年3月6日）

c.大量采食膨大的构树雄花序（2015年3月10日）

d.采食构树成熟的雌花序（2015年）

图3-10　"印堂小凸群"采食构树花芽和叶芽

此后数日，"印堂小凸家庭群"不管移动到哪个小区，都把构树雄花序和新叶当作主食，偶尔也看见个别个体在移动途中也会顺手摘食其他植物，但为数甚微。

为什么白头叶猴在觅食过程中需要作出精确的选择？

①我们发现，只有当"印堂小凸家庭群"中有经验的成员能够对构树的花序、芽苞及嫩叶的长短和重量大小作出正确判断的时候，才能保证其他成员在采食活动中获得最大的能量收益。野外记录表明，白头叶猴不采食构树还很短小的芽苞的原因，是受到"投入时间与净能量收益"的经济原则所制约，即因为消耗更多时间却吃不饱。

②野外记录还表明，白头叶猴具有对食物进行采样和权衡的能力。当构树的枝芽、腋芽和花芽长度都小于10厘米时，白头叶猴都不去问津，而是依靠其他植物充饥。等到构树的花芽和腋芽长度普遍超过15厘米时，它们知道单吃构树的花芽也可以填饱肚子，就不去吃其他植物。有关的野外实录说明，白头叶猴对食物的优劣能够进行精细地选择，可能是与生俱来的嗅觉和视角，同时又依靠颇具经验的成年猴的判断，这种适应性的行为也是在长期进化的过程中，已经在基因库中积累下来并成为由父母传授给子代的一种行为模式。

五、白头叶猴如何利用活动空间

白头叶猴如何利用自己的"家园"？

每天清晨，白头叶猴各组群差不多都是在相同的时间（天亮之前）各自从夜宿地出来，它们先在洞穴周围休息0.5～2小时（冬季和夏季有所不同，下雨与晴天也有所不同），然后便沿着各自习惯的路线向采食地行进。第二天在大多数情况下，它们会选择从另一个方向离开夜宿地，再进入自己"家园"范围内的另一片区域……一直到日落时返回夜宿地，如此日复一日又年复一年地循环着。我们注意到它们每日的觅食区域不完全一样，它们需要有计划地在"家园"的不同小区间轮转觅食，保护和维持其可以利用的食物资源。

（一）觅食小区

我们以2006年9月至2012年7月"印堂小凸家庭群"的觅食活动情况为例，来说明白头叶猴家庭群是如何利用自己的家园的。

我们把"印堂小凸家庭群"的"家园"分为4个觅食小区（图3-11，表3-1）。

第一觅食小区（绿色区域）："桃花谷"小区，包括从FJC"大洞"至"桃花谷"四周。

第二觅食小区（蓝色区域）："大洞—小洞坡基裙"小区，包括FJC东侧绝壁的"大洞"至南侧的"小洞"及下方的坡基裙。

第三觅食小区（黄色区域）："房后山"小区，包括从"小洞"

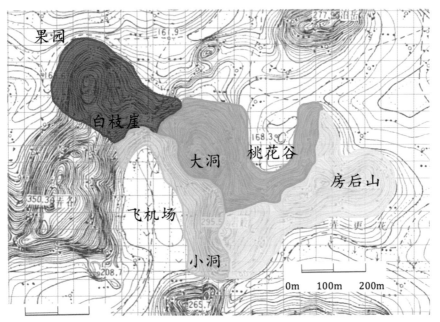

图3-11　"印堂小凸家庭群""家园"中的4个觅食小区

背后沿山脊东行至研究基地"房后山"。

第四觅食小区（红色区域）："白枝崖—果园"小区，包括从"大洞"西北侧山梁向西北延伸，越过FJC西北角"白枝崖"垭口到"果园"的半山一带。

表3-1　2006年9月至2012年7月"印堂小凸家庭群"各觅食小区面积

觅食小区	名称	面积		
		平方千米	公顷	亩
第一觅食小区	"桃花谷"小区	0.0750	7.50	112.50
第二觅食小区	"大洞—小洞坡基裙"小区	0.0500	5.00	75.00
第三觅食小区	"房后山"小区	0.0975	9.75	146.25
第四觅食小区	"白枝崖—果园"小区	0.0700	7.00	105.00
总计		0.2925	29.25	438.75

（二）白头叶猴选择觅食小区的概率

由于地处低纬度地区的北热带季雨林，四季区别不像中纬度地区那样明显，但我们还是注意到，弄官山区的气候在不同月份有差别，我们就将其划分为4个生态节气，即"旱季""旱季—湿季""湿季""湿季—旱季"。然后，统计分析"印堂小凸家庭群"在不同生态季节对"家园"中觅食小区的利用概率（图3-12）。

2011年至2012年，通过录像记录到：这个家庭每日早晚活动的行踪共410次，其中210次为清晨离开夜宿地进入觅食小区，200次为下午离开觅食小区于日落时分回到夜宿地的状况。筛除不清晰的录像记录之后，还有112个活动日的状况是清楚的，现将这些数据整理于表3-2和表3-3，用于了解白头叶猴是如何在其"家园"中分别利用觅食小区的。

表3-2　2011年至2012年"印堂小凸家庭群"在不同生态节气对觅食小区的选择

序号	旱季			旱季—湿季			湿季			湿季—旱季		
	日期	天气	觅食小区	日期	天气	觅食小区	日期	天气	觅食小区	日期	天气	觅食小区
1	11月3日	晴	▭	4月9日	晴	●	6月12日	雨	▭	8月22日	晴	★
2	11月9日	阴	▭	4月12日	晴	▭	6月16日	雨	★	8月23日	晴	▭
3	11月11日	晴	▭	4月13日	晴	●	6月19日	雨	▲	8月24日	阴	▲
4	11月17日	阴	▲	4月14日	晴	▭	6月20日	雨	▲	8月25日	阴	▭
5	11月18日	阴	●	4月15日	阴	▲	6月21日	雨	▭	8月28日	晴	▭
6	11月19日	晴	▲	4月16日	晴	▲	6月24日	雨	▭	9月15日	阴	▭
7	11月20日	晴	▭	4月17日	阴	●	6月25日	雨	▭	9月16日	晴	▭
8	12月1日	晴	★	4月18日	阴	★	7月7日	晴	▲	9月17日	阴	▲
9	12月2日	晴	▭	4月19日	晴	●	7月8日	阴	●	9月22日	晴	▲
10	12月13日	晴	▭	4月20日	晴	▭	7月9日	晴	▭	9月23日	晴	▭
11	1月3日	阴	▲	4月21日	阴	▲	7月11日	阴	●	9月24日	晴	●
12	1月4日	阴	★	4月23日	晴	▲	7月16日	晴	★	9月26日	雨	▲
13	1月6日	阴	▭	4月24日	雨	▲	7月17日	晴	●	9月27日	雨	▭
14	1月9日	雨	●	4月25日	阴	▭	7月18日	晴	▲	9月29日	雨	▲
15	1月10日	阴	▲	4月26日	晴	▲	7月22日	雨	●	9月30日	雨	▭
16	1月13日	阴	▲	4月27日	雨	▲	7月23日	晴	★	10月10日	晴	▭
17	1月17日	阴	▭	4月28日	雨	▲	7月25日	晴	▭	10月12日	晴	▲
18	1月18日	阴	●	4月29日	雨	▲	7月26日	晴	★	10月13日	晴	▭

续表

序号	旱季			旱季—湿季			湿季			湿季—旱季		
	日期	天气	觅食小区	日期	天气	觅食小区	日期	天气	觅食小区	日期	天气	觅食小区
19	1月20日	阴		4月30日	阴	▲	7月27日	晴	★	10月14日	阴	
20	1月21日	阴	▲	5月1日	晴	●	7月28日	晴	●	10月18日	晴	
21	1月22日	阴	▲	5月2日	晴	▲	7月30日	雨		10月24日	阴	
22	1月24日	阴		5月3日	雨		7月31日	雨	▲	10月25日	阴	★
23	1月25日	阴	★	5月4日	阴		8月1日	晴	●	10月28日	雨	●
24	1月28日	阴	●	5月5日	雨	▲	8月2日	阴		10月29日	阴	▲
25	1月29日	阴		5月7日	晴	▲	8月5日	阴				
26	2月10日	阴	★	5月8日	晴	▲	8月6日	阴				
27	2月11日	阴	●	5月9日	晴	▲	8月8日	雨	▲			
28	2月12日	阴		5月10日	晴	▲	8月9日	雨	●			
29				5月11日	阴	★	8月10日	雨	★			
30							8月18日	阴				
31							8月19日	雨				

注：不同颜色及图形所代表相对应的觅食小区如下。

▲ "桃花谷"小区（第一觅食小区）

"大洞—小洞坡基裙"小区（第二觅食小区）

★ "房后山"小区（第三觅食小区）

● "白枝崖—果园"小区（第四觅食小区）

表3-3 2011年至2012年"印堂小凸家庭群"在不同生态节气中分别选择觅食小区的概率

项目	旱季 (11月～翌年2月)		旱季—湿季 (3～5月)		湿季 (6～8月)		湿季—旱季 (8～11月)		分项小计	
	天数	比例 (%)	天数	比例 (%)	天数	比例 (%)	天数	比例 (%)	天数	比例 (%)
▲	6	21.4	16	55.2	8	25.8	8	33.3	38	33.9
▢	14	50.0	6	20.7	11	35.5	12	50.0	43	38.4
★	3	10.7	2	6.9	5	16.1	2	8.4	12	10.7
●	5	17.9	5	17.2	7	22.6	2	8.4	19	17.0
总计	28	100.0	29	100.0	31	100.0	24	100.0	112	100.0

注：不同颜色及图形所代表相对应的觅食小区如下。
▲ "桃花谷"小区（第一觅食小区）
▢ "大洞—小洞坡基裙"小区（第二觅食小区）
★ "房后山"小区（第三觅食小区）
● "白枝崖—果园"小区（第四觅食小区）

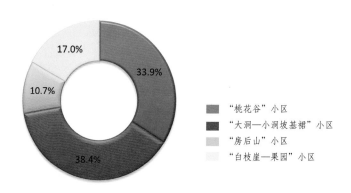

图3-12 2011年"印堂小凸家庭群"选择觅食小区的概率图示

表3-2、表3-3的数据及图3-12所显示的概率说明：

①"印堂小凸家庭群"很少连续数日在同一个觅食小区中采食，一般都是在某一个觅食小区采食1～3天之后便换到另一觅食小区，之后要间隔3～15天再转回来觅食。我们认为，定期更换觅食小区，是为了让被采食的植物获得恢复生长的时间，实际上是白头叶猴懂得为自己贮存食物资源。

②蓝色区域，即第二觅食小区，是4个觅食小区中被"印堂小凸家庭群"采食最多的区域，占全年觅食天数的38.4%；2011年10月至翌年2月的阴天干旱天气下，它们常在此小区觅食。我们认为，此小区是背阴的坡基裙小区，湿度较高，在全年各季节中，这里的食物资源最稳定最丰富。

③绿色区域，即第一觅食小区，是"印堂小凸家庭群"在从旱季向湿季过渡时期的主要觅食地。在2011年至2012年所记录到的112天的觅食活动中，它们在这个觅食小区采食的天数为38天，占全年33.9%。在全年中，此小区的日照最强且天数最多，特别是在春天，从旱季向湿季过渡的3、4、5月，这里有一小片谷地，是各种植物萌芽最早的地方。

④红色区域，即位于第三觅食小区的小山梁上，也是"印堂小凸家庭群"从大洞夜宿地出来后向"桃花谷"移动的通道之一。它们常常边移动边觅食，不过平均每间隔9天才会有1天出现在这里，其概率占全年觅食天数的10.7%。此小区不是它们主要的觅食小区，它们定期出现在这里也是其觅食策略的一部分，可以为主要觅食小区的植物提供缓冲的余地。

⑤黄色区域，即第四觅食小区。在2012年"旱季—湿季"时常常可以看到"印堂小凸家庭群"在此小区觅食，这个季节是全年最冷的季节，它们在此区域出现可能与在阳光下取暖有关。

综上所述，对"印堂小凸家庭群"来说，"大洞"和"小洞"四周及其下面的坡基裙是它们最主要的觅食小区，其次为"桃花谷"小区，它们在这两个小区觅食的概率占全年的72.3%。

六、白头叶猴的食物

白头叶猴是植食性动物，它们的生存取决于栖息地中可以采食的植物储量。

（一）弄官山区植物地理区系的背景

从1996年以来，我们对弄官山区的植物进行了多次调查，共鉴定出此区域的维管植物物种420种，隶属于102科（亚科）282属。其中，蕨类植物8科12属18种，裸子植物2科2属3种，被子植物的双子叶植物82科232属358种和单子叶植物10科（亚科）36属41种。

对上述102科（亚科）维管植物的分布型进行分类（表3–4）。其中属于热带和亚热带分布型的科共60科（亚科），属于热带—温带分布型的共22科（亚科），加在一起共82科（亚科），占维管植物科组成总数的80.4%，反映出弄官山区植物地理区系属于热带亚洲区系的特征；而属于世界分布型和温带分布型的植物在弄官山区植物区系组成中占据着不重要的地位。

表3-4　弄官山区维管植物（科）的地理分布

分布区	科名	数量	比例（%）
世界分布	蝶形花科、鼠李科、萝藦科、凤仙花科、百合科、菊科、天南星科、大戟科、蔷薇科、薯蓣科、凤尾蕨科、海金沙科、铁线蕨科、铁角蕨科、莎草科、竹亚科、唇形科	17	16.7
热带分布	桃金娘科、紫葳科、茶茱萸科、梧桐科、山榄科、橄榄科、樟科、葫芦科、木棉科、青藤科、漆树科、山柑科、肉豆蔻科、柿科、金丝桃科、使君子科、爵床科、西番莲科、牛栓藤科、棕榈科、水龙骨科、紫茉莉科、鸭跖草科、藤黄科、桑寄生科、番木瓜科、乌毛蕨科	27	26.5
热带—亚热带分布	番荔枝科、茜草科、马鞭草科、紫金牛科、木兰科、防己科、冬青科、山茶科、旋花科、翅子藤科、铁青树科、姜科、龙舌兰科、野牡丹科、楝科、桑科、无患子科、八角枫科、夹竹桃科、鼠刺科、大血藤科、菝葜科、苏铁科、千屈菜科、苦苣苔科、骨碎补科、买麻藤科、金星蕨科、绣球花科（八仙花科）、大风子科、伞形科、山柑科、金缕梅科	33	32.4

续表

分布区	科名	数量	比例（%）
热带—温带分布	卫矛科、荨麻科、葡萄科、檀香科、马兜铃科、苏木科、含羞草科、五加科、山矾科、木犀科、茄科、榆科、芸香科、马钱科、锦葵科、禾亚科、忍冬科、苋科、橄树科、紫草科、猕猴桃科、胡桃科	22	21.6
温带分布	毛茛科、蓼科、藜科	3	2.9

（二）弄官山区白头叶猴的食物种类

白头叶猴在觅食活动中吃什么？吃多少？

我们分三个时期研究了弄官山区白头叶猴的食物。

第一时期，1996～2001年，弄官山区正遭遇严重砍伐满目疮痍的状况，植物储量很少，我们分别观察、分析和鉴定了白头叶猴采食的植物种类为138种。

第二时期，2002～2006年，是弄官山区植物群落开始复苏的初期，植物生长量还不大，我们分别观察、分析和鉴定了白头叶猴采食的植物种类为70种。

第三时期，2006年之后，弄官山区植被迅速恢复。2008年至2016年，我们清晰地拍摄记录和分析出白头叶猴的采食植物90种（表3-5）。其中与第一时期采食的食物相同的有35种，与第二时期采食的食物相同的有31种。

表3-5　弄官山区植物群落自然演替10年后的白头叶猴食物组成（2008年至2016年）

序号	科名	属名	中文名	学名	取食部位	取食季节（湿、旱）	取食频率
1	八角枫科	八角枫属	八角枫	*Alangium chinense*	叶、果	湿	中
2	百合科	山麦冬属	山麦冬	*Liriope spicata*	果	旱	少
3	茶茱萸科	微花藤属	小果微花藤	*Iodes vitiginea*	叶、嫩茎、果	湿、旱	多
4	翅子藤科	扁蒴藤属	二籽扁蒴藤	*Pristimera arborea*	叶	湿	多
5	大戟科	山麻杆属	红背山麻杆	*Alchornea trewioides*	叶	湿	少
6	大戟科	巴豆属	石山巴豆	*Croton euryphyllus*	叶	湿、旱	多
7	大戟科	白饭树属	白饭树	*Flueggea virosa*	果、叶	湿、旱	中
8	大戟科	白桐树属	白桐树	*Claoxylon polot*	叶	湿、旱	少
9	大戟科	野桐属	粗糠柴	*Mallotus philippensis*	叶	湿、旱	少
10	大戟科	野桐属	石岩枫	*Mallotus repandus*	叶	湿、旱	中
11	大戟科	叶下珠属	小果叶下珠	*Phyllanthus reticulatus*	叶、果	湿、旱	少
12	蝶形花科	黄檀属	藤黄檀	*Dalbergia hancei*	叶、花	湿、旱	中
13	蝶形花科	任豆属	任豆	*Zenia insignis*	叶	湿	中
14	蝶形花科	葛属	葛	*Pueraria montana*	叶、花	湿、旱	多
15	蝶形花科	猪腰豆属	猪腰豆	*Whitfordiodendron filipes*	叶	湿	少
16	蝶形花科	崖豆藤属	厚果崖豆藤	*Millettia pachycarpa*	叶	湿	多
17	蝶形花科	鹿藿属	鹿藿	*Rhynchosia volubilis*	果（豆荚）	旱	少
18	防己科	秤钩风属	秤钩风	*Diploclisia affinis*	叶	湿	少
19	防己科	千金藤属	粪箕笃	*Stephania longa*	叶、果	湿、旱	中
20	橄榄科	嘉榄属	羽叶白头树	*Garuga pinnata*	叶、花	湿	中
21	含羞草科	海红豆属	海红豆	*Adenanthera pavonina var. microsperma*	嫩叶	湿	中
22	含羞草科	合欢属	山合欢	*Albizia kalkora*	叶、豆荚	湿、旱	中
23	含羞草科	金合欢属	台湾相思	*Acacia confusa*	叶	湿、旱	中

续表

序号	科名	属名	中文名	学名	取食部位	取食季节（湿、旱）	取食频率
24	含羞草科	凤凰木属	凤凰木	*Delonix regia*	叶、花、豆荚	湿、旱	多
25	含羞草科	银合欢属	银合欢	*Leucaena leucocephala*	叶、豆荚	湿、旱	多
26	禾本科	大明竹属	苦竹	*Pleioblastus amarus*	嫩叶	湿	很少
27	禾本科	牡竹属	麻竹	*Dendrocalamus latiflorus*	笋	湿	很少
28	夹竹桃科	络石属	络石	*Trachelospermum jasminoides*	叶、果	湿	中
29	夹竹桃科	水壶藤属	酸叶胶藤	*Urceola rosea*	叶	湿、旱	少
30	锦葵科	秋葵属	黄蜀葵	*Abelmoschus manihot*	花	湿	少
31	爵床科	山牵牛属	山牵牛	*Thunbergia grandiflora*	叶、花	湿、旱	多
32	楝科	浆果楝属	灰毛浆果楝	*Cipadessa cinerascens*	叶、果	湿、旱	中
33	楝科	楝属	楝	*Melia azedarach*	果	旱	少
34	蓼科	蓼属	火炭母	*Polygonum chinensis*	叶、嫩茎	湿	少
35	龙舌兰科	龙血树属	剑叶龙血树	*Dracaena cochinchinennsis*	叶、花	湿、旱	少
36	萝藦科	白叶藤属	古钩藤	*Cryptolepis buchananii*	叶	湿、旱	少
37	马鞭草科	牡荆属	广西牡荆	*Vitex kwangsiensis*	叶	湿	多
38	毛茛科	铁线莲属	柱果铁线莲	*Clematis uncinata*	叶	湿、旱	中
39	毛茛科	铁线莲属	山木通	*Clematis finetiana*	茎、花	湿、旱	少
40	木棉科	木棉属	木棉	*Gossampinus malabalica*	花、果、叶	湿、旱	少
41	木犀科	素馨属	白萼素馨	*Jasminum albicalyx*	叶	湿	少
42	葡萄科	乌蔹莓属	乌蔹莓	*Cayratia japonica*	叶、果	湿、旱	多
43	葡萄科	地锦属	五叶地锦	*Parthenocissus quinquefolia*	果	旱	少

续表

序号	科名	属名	中文名	学名	取食部位	取食季节（湿、旱）	取食频率
44	漆树科	杧果属	杧果	*Mangifera indica*	果、嫩核	湿	少
45	漆树科	盐肤木属	盐肤木	*Rhus chinensis*	叶、虫瘿	湿、旱	中
46	漆树科	黄连木属	清香木	*Pistacia weinmanniifolia*	叶、花	湿	中
47	茜草科	鸡矢藤属	鸡矢藤	*Paederia scandens*	叶、嫩芽	湿、旱	多
48	茜草科	鸡爪簕属	鸡爪簕	*Oxyceros sinensis*	叶	湿	中
49	茄科	茄属	少花龙葵	*Solanum americanum*	果	湿	少
50	桑寄生科	鞘花属	鞘花	*Macrosolen cochinchinensis*	花	湿	少
51	桑寄生科	钝果寄生属	广寄生	*Taxillus chinensis*	叶、果	湿、旱	中
52	桑科	构树属	构树	*Broussonetia papyrifera*	花、叶、果	湿、旱	多
53	桑科	柘属	柘	*Maclura tricuspridata*	叶	湿	中
54	桑科	榕属	斜叶榕	*Ficus gibosa*	叶、果	湿、旱	多
55	桑科	榕属	榕树	*Ficus microcarpa*	叶、果	湿、旱	多
56	桑科	榕属	直脉榕	*Ficus orthoneura*	叶、果	湿、旱	多
57	桑科	榕属	豆果榕	*Ficus pisocarpa*	叶、果	湿、旱	多
58	桑科	榕属	绿黄葛树	*Ficus virens*	叶、果	湿、旱	多
59	桑科	牛筋藤属	牛筋藤	*Malaisia scandens*	叶	湿、旱	少
60	山茶科	山茶属	扶绥金花茶	*Camellia fusuiensis*	花	旱	极少
61	山柚子科	山柑藤属	山柑藤	*Cansjera rheedi*	叶	湿、旱	多
62	山柚子科	鳞尾木属	鳞尾木	*Lepionurus latisquamus*	叶	湿、旱	中
63	鼠李科	咀签属	毛咀签	*Gouania javanica*	叶、嫩芽	湿、旱	多
64	鼠李科	雀梅藤属	雀梅藤	*Sageretia theezans*	叶	湿、旱	中
65	鼠李科	枣属	印度枣	*Ziziphus incurve*	叶、果	湿、旱	少
66	鼠李科	翼核果属	海南翼核果	*Ventilago inaequilateralis*	新叶	湿	多

续表

序号	科名	属名	中文名	学名	取食部位	取食季节（湿、旱）	取食频率
67	鼠李科	翼核果属	翼核果	*Ventilago leiocarpa*	新叶	湿	多
68	薯蓣科	薯蓣属	褐苞薯蓣	*Dioscorea persimilis*	叶	湿	少
69	桃金娘科	桉属	柠檬桉	*Eucalyptus citriodora*	树皮	湿	极少
70	桃金娘科	桃金娘属	桃金娘	*Rhodomyrtus tomentosa*	果	湿	少
71	铁青树科	赤苍藤属	赤苍藤	*Erythrolpalma scandens*	叶、嫩茎	湿	多
72	无患子科	龙眼属	龙眼	*Dimocarpus longan*	果	湿	中
73	无患子科	黄梨木属	黄梨木	*Boniodendron minus*	叶	湿	中
74	梧桐科	苹婆属	苹婆	*Sterculia nobilis*	叶、花	湿、旱	多
75	旋花科	番薯属	番薯	*Ipomoea batatas*	叶	湿、旱	少
76	旋花科	菟丝子属	菟丝子	*Cuscuta chinensis*	茎、花	湿、旱	少
77	旋花科	银背藤属	头花银背藤	*Argyreia capitiformis*	叶、花、果	湿、旱	多
78	旋花科	银背藤属	东京银背藤	*Argyreia pierreana*	叶、花	湿、旱	多
79	荨麻科	苎麻属	青叶苎麻	*Boehmeria nive* var. *tenassima*	叶	湿	少
80	榆科	朴属	紫弹树	*Celtis biondii*	叶	湿、旱	中
81	榆科	朴属	假玉桂	*Celtis timorensis*	叶	湿、旱	中
82	榆科	朴属	珊瑚朴	*Celtis juilianea*	叶	湿、旱	少
83	榆科	青檀属	青檀	*Pteroceltis tatarinowii*	叶	湿、旱	多
84	樟科	樟属	阴香	*Cinnamomum burmanii*	果	湿	少
85	樟科	木姜子属	潺槁木姜子	*Litsea glutinosa*	叶	湿、旱	少
86	紫草科	厚壳树属	上思厚壳树	*Ehretia tsangii*	叶、果	湿、旱	多
87	紫葳科	菜豆树属	菜豆树	*Radermachera sinica*	叶	湿、旱	多
88	紫葳科	羽叶楸属	羽叶楸	*Stereospermum colais*	叶	湿	多
89	紫葳科	木蝴蝶属	木蝴蝶	*Oroxylum indicum*	叶	湿	多
90	蔷薇科	枇杷属	枇杷	*Eriobotrya japonica*	果	湿	少

　　在这前后3个时段中一直被白头叶猴取食的植物只有21种，即石山巴豆、白饭树、粗糠柴、石岩枫、构树、斜叶榕、榕、绿黄葛树、牛筋藤、藤黄檀、葛、紫弹树、青檀、清香木、盐肤木、苹婆、木蝴蝶、菜豆树、潺槁木姜子、小果微花藤、鳞尾木。它们可以被认定是弄官山区白头叶猴主要的食物种类（图3-13）。

a.石山巴豆

b.清香木

c.潺槁木姜子   d.斜叶榕

e.葛

f.青檀

图3-13　白头叶猴长期采食的部分植物种类

野外的记录发现，在表3-5所示的植物名录中：

①有些种类是白头叶猴取食量大的，如石山巴豆、青檀、柘、毛咀签、羽叶楸、鸡矢藤、银背藤、乌鼓莓和海南翼核果等（图3-14）。

②另外一类是白头叶猴主要的食物资源，如多种榕属植物及构树、苹婆、葛、山牵牛、八角枫、山柑藤和盐肤木等植物，它们是群落中的优势种，在弄官山区全年都生长且储量丰富，能够给白头叶猴提供稳定的食物来源（图3-15）。

③而有些种类，例如菜豆树、木蝴蝶、上思厚壳树、二籽扁蒴藤、凤凰木、阴香和龙眼等，是白头叶猴特别喜欢采食的（图3-16）。

④还有一些植物种类，因为生长呈现季节性而储量少，例如海红豆、银合欢、山合欢、凤凰木、木棉和台湾相思等，尽管非常受白头叶猴的喜欢，但能取食的量不多。

a.毛咀签

b.羽叶楸

c.鸡矢藤

d.头花银背藤

e.乌蔹莓

f.海南翼核果

图3-14　白头叶猴大量采食的部分植物种类

a.盐肤木

b.榕

c.苹婆

d.山牵牛

e.八角枫

f.山柑藤

图3-15　白头叶猴主要采食的部分植物种类

a.菜豆树

b.上思厚壳树

c.二籽扁莳藤

d.凤凰木

e.阴香

f.龙眼

图3-16　白头叶猴特别喜欢采食的部分植物种类

（三）白头叶猴的觅食活动和取食量

白头叶猴的觅食行为常常是边觅食边移动，并且在一次进食的时段内会采食好几种植物，这就使我们统计它们的取食量成为一件很不容易的事情。以下是我们在野外记录到为数不多的在一个完整的进食时段内只采食一种植物的取食过程，以此来分析它们的取食量。

取食记录之一

日期：2014 年 12 月 26 日

时间：16:10

7 岁的公猴"无缺"在银合欢树上取食用时 95 分钟（不包含在树枝间的移动和寻找食物的时间，只统计耗费在纯进食上的时间），它累计总共取食了带壳豆荚 1134 克，抛弃的豆荚外皮和掉落种子 737 克，由此推算"无缺"大约吃进 397 克银合欢的种子，占豆荚总重量的 35.0%。

如果把"无缺"花费在树枝间觅食、移动、选取食物以及纯进食的时间全部加起来，共计 115 分钟。

取食记录之二

日期：2014 年 12 月 28 日

时间：18:20

"无缺兄弟群"11 只雄性个体来到研究基地大楼，我们采来 15 千克银合欢豆荚（带一些枝条）给它们，观察它们的取食状况（图 3-17）。11 只个体取食时间共 75 分钟，取食后剩余豆荚、豆荚外皮及掉落种子 10.4 千克，共计进食量为 4.6 千克，占豆荚总重量的 30.6%。

我们还发现每只猴子采食豆荚的时候剥壳的方式有所不同（图 3-18），加上个体年龄差异，造成个体取食时间和进食量上的不同，但由此可推算出白头叶猴在一次进食时段内采食单一种食物银合欢豆荚的平均进食量约为 418 克。如果把这 11 只个体花费在觅食、移动、选取及纯进食的时间加在一起，并取其中间数，则每只猴子所花费的觅食时间大约为 100 分钟。

　　白头叶猴每日有两次觅食高峰，每次都会在充饱胃之后就进入休息时段。根据上述的观察与记录，我们估算一次充饱胃的食物量约407.5克（397克和418克的平均值），即全天需要吃进约815克食物。

　　根据上述两次发生在下午进食时间的平均值（115分钟和100分钟）为107.5分钟计算，推测上午用于进食的时间也相当于这么多，那么白头叶猴全天用于进食（包括觅食、移动、选取和纯进食）所花费的时间应为215分钟，相当于约3.5小时。

　　综上统计，白头叶猴用于觅食（包括移动、选取和纯进食）的时间占白天总时间的33.24%。

图3-17　白头叶猴取食银合欢豆荚时，先剥开外面豆荚皮，只吃里面的种子。潘教授在统计时，"石石"跑到他跟前来

a. "小黑"

b. "外来妹"

c. "壹壹"

d. "007"

图3-18　不同白头叶猴个体取食豆荚的方式有所差异

（四）食物通过白头叶猴消化道的时间

　　我们同时还对"无缺兄弟群"的取食结果进行夜间跟踪，以观察食物通过它们消化道的时间长度。

　　2015年2月27日，观察到它们分别于26日晚22:00和27日凌晨2:00及6:00排便，并对收集到的三份粪便样品进行检查（图3-19），发现22:00和2:00这两个时间段的粪便样品中只有树叶的纤维残渣，而6:00时的粪便样品中发现含有未完全消化的银合欢种子外皮，因此推算出食物通过白头叶猴消化道的时间为11小时至12小时。

　　这个时间间隔与它们每天两次觅食高峰的时间间隔大致相同，说明

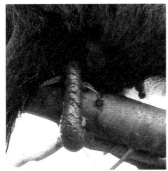

a.白头叶猴正在排便

b.研究人员爬上
屋顶收集白头
叶猴粪便样品

c.研究人员检查白头叶猴粪便样品

图3-19 白头叶猴粪便样品收集和检查

在第一次进食的食物从胃肠道中排空之后，再进行第二次进食。

　　残存在弄官山区石山生态系统中的数百种植物，遵循季节变化的规律，抽芽、开花、结果，年复一年（图3-20）。它们的恢复，不单为白头叶猴提供了生存的基础，更是支撑了整个弄官山区的石山生态系统。

图3-20 盛开的木棉花上跳跃着觅食的白头叶猴，这是弄官山区最美的自然景致

第四章

白头叶猴的婚姻、家庭和社会

至2012年6月，入主公猴"印堂小凸"和FJC大洞群母猴
共生下29只幼仔，这个大家庭达到空前的繁盛

雌性为中心，公猴是入赘；

妻妾七八位，郎君仅一个；

婚约四五年，生儿又育女；

女儿跟娘留在家，男儿随爹闯天下。

今天，人类已经成为自然界中最危险、最缺乏同情心和最臭名昭著的杀手，几乎没有一种野生动物不是在发现有人靠近时就立即逃跑的。

回想起我在秦岭跟踪大熊猫早期的情景：手执无线电跟踪天线，从耳机中听到无线电讯号声的嘀响，离大熊猫越近嘀声越响。我明知它就在我跟前五六米远的竹丛下面，却完全看不到它……我再向前一步，它便起身逃之夭夭。

1988年冬天，当我穿行在花山的丛林中，突然遇见那群有南方黄牛大小的水鹿时，瞬间我所看到的是一张张惊恐的面孔：竖起了耳朵，瞪着大眼睛和扩张开来的鼻孔。下一刻，我就什么都看不见了，眼前只有晃动的树枝和迅速逃离的背影。

一、建立信任与友谊

要了解野生动物的家庭和社会，就必须耐心地与它们建立信任和友谊。

1997年，我们进驻弄官山区，目睹偷猎者到处安装陷阱：在树上设置捕鼠胶抓捕白头叶猴的幼仔，用竹竿和大网悬挂在崖洞洞口以及在白头叶猴活动的路线上安放绊脚索或铁夹子（即铁猫）等，利用一切用得上的工具来捕杀白头叶猴（图4-1）。

事件之一：1998年4月3日早晨，那是一个令人心碎的时刻，FJC大洞群最年长的母猴"黑妈妈"被人设置的铁猫夹住右脚，铁链又牢牢地与灌木的枝丫绞缠在一起，挣扎中她被倒挂在FJC大洞70米高的洞顶的树枝上无法逃脱，但我无法立即爬上那座悬崖绝壁去救她，眼睁睁地看着她被残忍地杀害了。

事件之二：一周之后的1998年4月10日中午，雷寨屯的三位农民在野外发现一只成年公猴左手腕的骨头被强力的铁夹夹碎，抬到我们的野外研究基地进行救治。

a.捕捉白头叶猴的陷阱

b.被铁猫陷阱夹住脚的白头叶猴

图4-1 1997年，弄官山到处是捕杀白头叶猴的陷阱

在那个令白头叶猴惊恐的年代，我们无法接近白头叶猴，它们十分胆怯，一见到人便迅速转身逃走。我们不得不想方设法建筑"树屋"和在它们的移动路线上设置观测台……小心翼翼地等待着它们的出现。

从2009年开始，FJC的"树屋"便是我们和FJC大洞"印堂小凸家庭群"约会的地点。每当清晨，FJC还在沉沉的晨曦之中，我们就坐在"树屋"上等待它们起床；到了黄昏日落的时候，"印堂小凸"一家子又发现我们坐在"树屋"上迎接它们返回夜宿地……日复一日，又年复一年，风雨无阻，它们终于接受了我们的友谊。

2014年4月末，当潘教授生病住院两个月后返回野外研究基地住所的时候，还发生了一件意想不到却令人惊奇的事情！"印堂小凸"的儿子们都来看望潘爷爷，就如同久别的亲人那样（图4-2）。

从此以后，我们逐渐地与"印堂小凸"一家建立起真正的友谊。正是由于常常能够在很近的距离之内面对面地传递感情，我们才能较深入地了解白头叶猴的家庭和社会。

图4-2　"印堂小凸"的儿子们趴在窗户上看望刚刚出院的潘爷爷

二、在白头叶猴中间

严格地说，我们只是生活在"印堂小凸家庭群"的中间。

在只能依靠望远镜远远观察的那些时期，我们无法看到它们容貌的真与美。但2012年以后，当"印堂小凸家庭群"把我们也同样当作它们家庭成员的时候，我们可以坐在小池塘边上，在咫尺之内观察它们如何喝水；可以在山顶的巨石上与它们共享冬日的暖阳。这个时候我们才真正记录到白头叶猴外形的许多特征，以及它们因性别不同及随年龄的增长而发生变化的情况。

（一）白头叶猴的年龄和外貌

在全球所有30～40种叶猴中，白头叶猴的外貌或许可以称得上是最美的。

它们成体黑白分明的外貌已为世人所知，但只有近距离观察甚至触摸之后，你才会知道，它们皮毛光鲜，体型纤细优雅，修长的四肢及手足，与更为修长的尾巴相匹配，使它们具备匀称和富有弹性的身体结构。当它们成群静坐在树上或石山上的时候，给人的第一印象就是洁白的发冠和一条长长的洁白尾巴垂挂在空中；它们褐色的双眸格外明亮，总是投射出温和友善的光芒；那高雅的行为举止总是透着端庄、可爱与柔美，从不会像猕猴那样咄咄逼人。

刚出生的白头叶猴幼仔具有鲜亮的金黄色毛发，圆圆的双眸挂在浅粉色娇嫩润滑的脸上，头部圆圆的尚未长出尖顶的发冠，脸、耳及手脚上的皮肤具有洁净的粉肉色，显得格外可爱。估计其体重约350克，身长约15厘米，尾长约30厘米，如同一只小猫咪大小。幼仔身上的毛色及脸上皮肤的颜色都随着年龄的增长而改变（图4-3）。

a.新生幼仔

b.2月龄幼仔

c. 6月龄幼仔

d.12月龄幼仔

图4-3   白头叶猴幼仔肤色及毛色随年龄变化

它们从1岁开始至成年个体，白色头发最独特之处在于发尖向上和向中央生长而形成独具特色的尖塔状发型；此外，从头顶向下经颈部到披肩，还有尾巴的全部或大部也都覆盖着白色的被毛。成年个体的胸部则因黑毛与白毛相混生而呈浅棕褐色。全身的其余部位生长着油光滑亮如同绸缎一般的黑毛，最长的黑毛长度达10～12厘米，生长在背部至两胁上。全身被毛可分为两种类型，外层为略粗硬的结实刚毛可以抵抗摩擦和防止雨水的渗透，在其下面还生长着一层十分细软的绒毛，能够在冬天的寒夜里帮助动物保持体温。但是生长在手背、脚背及尾巴上的毛发最短，不论是白色还是黑色毛发长度均在1.0～2.5厘米之间。当白头叶猴把黑白两色的身体图案摆放在斑驳的石山峭壁之上时，不但不显眼，还具有保护的作用。

（二）成年白头叶猴的外形特征

雄性：白头叶猴成年雄性的体重约10千克，头身长45厘米，尾长约90厘米。它通常都严肃地端坐在高高的树梢或岩石上，洁白冠毛和披肩衬托在漆黑色身躯上格外显眼，再加上其独特的坐姿——总是把双腿分开，故意暴露其生殖器以显示威武的雄性气概，从大老远便可以让人知道它所传达的是守卫家园的信号（图4-4a）。

雌性：白头叶猴成年雌性的身体外形数据与雄性无显著差别。她们有时也会像雄性那样坐在树梢上，叉开两腿显露出雌性才具有的鼠蹊部三角形的乳白色性皮。当她们处在发情期时，这块三角形的皮肤便会变为潮红的颜色，这与其他灵长类雌性性皮的颜色随生理周期变化是一样的，借以传达其性的信号。白头叶猴雌性的这一特征已经成为我们对其进行个体识别的可靠依据（图4-4b）。

我们推测，叶猴的祖先来自非洲的古代疣猴，但现代叶猴的手指与疣猴的手指结构却不同。叶猴前后肢各有5个指头，前掌较短的拇指与其他4个修长的指头对生，使它们不仅可以在树枝上抓握攀爬，还可以

a.成年雄性

b.成年雌性

图4-4　成年白头叶猴的外形特征

灵活自如地采摘树芽、树叶及果实。后足掌平实，适宜于行走；足趾显著加长，第一趾与其余4趾对生；手掌和脚掌上的皮肤，以及指（趾）腹侧，尤其是末端的皮肤十分柔软，皮下结缔组织蓬松且具有弹性（图4-5），所有这些特征都使它们适宜于抓握树枝和在岩壁上攀爬。因此，叶猴演化出"树栖4足型"和"地栖4足型"相结合的生活方式，既可以在树枝藤蔓之间灵活攀援，又可以在崎岖的石山之间跳跃飞奔；再加上长而结实的尾巴，成为它们在绝壁上移动时的平衡棍（图4-6）。

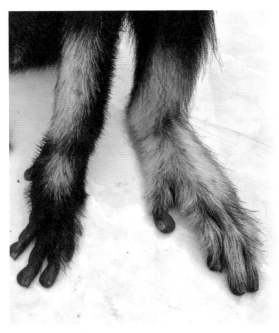

a.手背（左）和脚背（右）　　　　　　　b.手心（上）和脚心（下）

图4-5　白头叶猴的手和脚

a.地栖

b. 岩洞

c.树栖

图4-6　白头叶猴的生活方式

三、白头叶猴的"性二型"

动物"性二型（sexual dimorphism）"的特征，归根到底还是自然选择的一种方式，是多个雄性个体竞争交配权不可避免的结果。通过"性选择（sexual selection）"作用，雌雄两性个体的外形产生了明显不同的特征，这些特征通常都能提高雄性个体的竞争技能和增加其性的吸引力。虽然有些动物演化出的特征对个体的生存不利，如雄孔雀的美丽尾羽和雄鹿的角，有时会降低雄性个体的存活机会，但却能换取雄性交配的成功率，使这些雄性具有更多的后代，自然选择便把这些独具特色的特征保存了下来。

食肉目熊科动物"性二型"常常表现在雄性的体型通常较雌性大些，如成年北极熊的雄性比雌性约重36%，黑熊的雄性比雌性重29%～41%，大熊猫的雄性比雌性重18%。而在灵长目中，许多种类的雄性体型也大于雌性，如低地大猩猩，雄性比雌性重43.8%；狒狒和猕猴都有"性二型"的表现，雄性比雌性分别重45%和39%；几种金丝猴的"性二型"也表现得十分突出，雄性比雌雄性40%～47%。

我们在弄官山区长期观察白头叶猴，从幼年期至青年期，两性的外形基本没有差别。我们曾经测量一只成年雄性，比成年雌性体重略重约15%。但是在野外很难观察到它们"性二型"的明显差异（图4-7）。

动物"性二型"是由两性的性腺功能不同所造成的，产生的特征属于动物的第二性征。我们注意到白头叶猴两性的犬齿大小差异是伴随年龄的增长而逐渐显现的：1岁左右小公猴犬齿的形状与同龄雌性个体的犬齿没有不同；到2岁左右的少年期时，雌、雄个体犬齿的形态及大小差异还很小；但是到了青年期，当公猴们4岁之后，它们的犬齿生长迅速，其长度可以达到2厘米；而到成年期就会更长，可达到2.5厘米以上，而同龄雌性的犬齿没有显著增长（图4-8）。

由此看来，白头叶猴两性之间虽然在体重、体长及毛色上不具备明

图4-7　成年雌性"阿针"（上）与成年雄性"印堂小凸"的"性二型"对比

显的区别，但是在犬齿大小和鼠蹊部颜色，特别在行为方式上所表现的"性二型"却具有显著的差异。

a.6月龄雄性

b.6月龄雌性

c.成年雄性

d.成年雌性

图4-8　白头叶猴不同年龄和性别的犬齿比较

四、白头叶猴的婚姻

白头叶猴雄雌两性在生殖投资方式上略有不同。成年雄性个体为争夺进入某个以雌性为核心的家庭而展开剧烈的竞争，而雌性个体会对企图入主家庭的雄性配偶进行仔细选择。白头叶猴的婚姻在表象看来为"一夫多妻"形式，但从终其一生来看本质上还是"多夫多妻"的体制。

雄性的婚姻：我们完整地跟踪过7只成功入主家庭群的白头叶猴雄性个体，在其一生中也仅有4年一轮（公猴"印堂小凸"6年，"老邪"只有2年8个月）的繁殖机会，在这4年期间，入主公猴会与家庭中每只成年雌性进行交配，生儿育女，采取"一夫多妻"的婚配形式，见表4-1。

表4-1   FJC白头叶猴8个家庭群和3个过渡群 ♂、♀ 个体的比例及所生子女数量记录表

序号	组群形式	入主♂姓名	家庭存续时段	♀配偶姓名及数量	备注
1	缺缺家庭群（大洞群）	缺缺	1994.10～1998.03	A♀8：黑妈妈、大黑、假假、阿针、菱菱、比比、贝壳、未名	"黑妈妈"1998年4月死于盗猎；共有9只幼仔出生
2	缺缺过渡群	缺缺獠牙	1998.03～2000.07	A♀1：未名	余5只成年或未成年儿子和3个女儿；2000年6月"未名"死于难产；2000年7月，"缺缺"战死于放哨山，"獠牙"失踪；3个女儿留居放哨山创建新群
3	阿成家庭群（大洞群）	阿成	1998.04～2002.07	A♀7：大黑、假假、阿针、菱菱、比比、贝壳、小小	其间共出生12只幼仔
4	阿成过渡群	阿成	2002.07～2002.10	A♀3：菱菱、比比、贝壳	群内还有11只未成年个体
5	α公猴家庭群（大洞群）	α公猴	2002.08～2006.06	A♀7：大黑、假假、阿针、小小、迎迎、岚岚、平平	其间共出生13只幼仔
6	β公猴家庭群（西山群）	β公猴	2002.07～2006.06	A♀4：菱菱、比比、贝壳、小W	其间共出生7只幼仔

续表

序号	组群形式	入主♂姓名	家庭存续时段	♀配偶姓名及数量	备注
7	印堂小凸家庭群（大洞群）	印堂小凸	2006.06～2012.07	A♀13：大黑、假假、阿针、小小、迎迎、岚岚、平平、岚祺、甜甜、贝贝、亚夕、亚鹭、亚雨	有1只外来母猴加入群内；其间共出生29只幼仔
8	印堂小凸过渡群（小洞群）	印堂小凸	2012.08～2015.03.20	A♀3：迎迎、岚岚、岚祺SA♀：外来妹	群内成年和未成年♂（儿子）14只；共有3只幼仔出生；1只外来亚成体♀加入
9	渔翁家庭群（大洞群）	渔翁	2013.07～2017.09.10	A♀16：大黑、假假、阿针、小小、平平、甜甜、贝贝、亚夕、亚鹭、亚雨、雨妹、珍珠、蜜蜜、雯雯、大S、小玖	其间共出生25只幼仔
10	老邪家庭群（小洞群）	老邪	2015.03.20～2017.12.01	A♀4：迎迎、岚岚、岚祺、藩妈SA♀2：清明、外来妹EA♀3：佳佳、小迎、小岚	其间共出生9只幼仔
11	唤谐家庭群（小洞群）	唤谐	2017.12.1～现在	A♀4：迎迎、岚岚、岚祺、藩妈SA♀5：清明、外来妹、佳佳、小迎、小岚EA♀2：优生、岚妹妹	至2018年6月出生了2只幼仔

注：♂为雄性；♀为雌性；A为成年个体；SA为亚成年；EA为少年个体；数字表示个体的数量。

　　雌性的婚姻：我们也完整地记录到FJC白头叶猴家庭群中的每个成年雌性个体，她们每隔4年便迎接一位入赘的成年雄性。雌性白头叶猴的生育年龄可达到25～26岁，在她们的一生中就有机会先后与每一只入主家庭的成年雄性都交配并生儿育女。因此，对于雌性白头叶猴来说，终其一生就是"一妻多夫"的婚配形式（表4-2）。

表4-2　"阿针"和入主FJC大洞公猴所生后代记录表

雌性	入主公猴	家庭存续时段	后代	备注
阿针	缺缺	1994.10～1998.03	三格格	1996年11月开始跟踪观察
	阿成	1998.04～2002.07	飞飞、亚飞	—
	α公猴	2002.08～2006.06	飞鹭、亚鹭	—
	印堂小凸	2006.06～2012.07	无缺、重生	—
	渔翁	2013.07～2017.09	针妮	—

我们认为，雌性白头叶猴采用阶段性"一夫多妻"的婚配行为可能与下列三个方面的因素有关：

第一，与生存的环境因素有关。因为在喀斯特石山区，适合白头叶猴雌性夜宿和生儿育女的地点是有限的。她们从更新世直到全新世，为躲避喀斯特石山区中众多的猎食动物，雌性白头叶猴必须聚集在安全的地方一起夜宿；但成年雄性间因相互排挤无法住在一起，便只能采用"一夫多妻"的生活形式。虽然今天山谷里的食肉猛兽已经几乎销声匿迹，但演化的惯性却仍然存在于它们的"基因记忆"之中，当天色昏暗，它们便爬到喀斯特石山陡峭的崖壁上过夜。

第二，与丰富的食物资源有关。相对分隔开来的喀斯特石山四周的北热带季雨林一年四季生长着丰富的植物，各式各样的树叶、嫩芽、花和果实为白头叶猴提供了取之不竭的稳定食物资源。这就为雌性个体聚集在一个相对独立的小区域中过着安定的生活提供了条件，从而使一只外来的雄性个体无需到处奔波流浪就可以独霸一方，占有多个雌性配偶并养育子女。

第三，也是最重要的因素，是由于白头叶猴自身的遗传压力所形成的。每一只成年的雄性，在牠入主一个家庭的4年中生下两批孩子之后，牠自己所生育的第一批女儿或儿子就将达到亚成年（3～4岁），它们转眼间就进入青春期骚动的年龄，很快就要进入繁殖期，使入主公猴与自己的亲生女儿、儿子、母亲以及兄弟姐妹之间的性关系将处于尴尬的局面。因此，回避家庭内部近亲交配的办法，就是家庭必须在这个时期解体。父亲和儿子们必须离开，让新的外来公猴入主，带来新的基因并揭开新一期的生殖轮回。

所以，每一只成年白头叶猴（不论雌或雄）一生所经历的婚配形式从本质上说都是"多夫多妻"体制。

五、白头叶猴的家庭和社会

现代生存的大多数高等灵长动物（猴和猿），它们的社会性状起源于早期灵长类的进化惯性和对后期树栖生活的适应性转换。在长期性联姻不普遍的情况下，最牢固及最持久的关系就是母亲与其后代之间的关系，其后果就是母系成为群体的核心。

雌性白头叶猴每两年生一胎，哺乳期1年左右。

1岁以后的白头叶猴幼仔可以脱离母亲，逐渐向独立活动过渡；所有幼仔，无论雌雄都与父母、姨妈和兄弟姐妹居住在同一个和睦的家庭中。经历4年（少数为6年）的共同生活，直到亲生父亲把家园让给另一只外来的成年公猴时，这一届家庭才宣告解体。亲生父亲携带所有儿子（有时也带上少数妻子和未成年女儿）离开原家庭，而原家庭中所有的雌性或绝大部分的雌性（包括外婆、妈妈、姨妈和成年的与未成年的姐妹们）都留在原来的领地上与新入主的公猴组成新一届家庭。白头叶猴典型的母系社会就是如此周而复始地繁衍——领地为雌性所世袭，而每4年入赘的夫君则是外来的。雌性白头叶猴可以在5岁时繁殖第一胎幼仔；雄性白头叶猴估计在5岁时达到生理上的成熟，此时它与未成年的弟弟们跟生父离开老家，四处游荡，在6～7岁才能分别入主到一个新的家庭。

（一）母系家庭

白头叶猴的家庭以雌性为中心，绝大部分雌性个体终生生活在世袭的母系家庭的家园之中，而家庭中的雄仔都会跟随父亲以退让的方式离开出生地，离开母亲、姨妈、姐姐和妹妹而踏入更广阔的社会空间去寻找配偶，组织新的家庭。

FJC大洞的白头叶猴群一直都是一个以雌性为中心的家庭群，我们记录了这个组群22年来所发生的大事记：

1994年～1998年4月，入主公猴"缺缺"带领一个完整的"一夫多妻+后代"的家庭群；

1998年4月～2002年7月，外来公猴"阿成"替换了"缺缺"入主FJC大洞之后，与家庭中的母猴交配繁殖后代；

2002年7月～2006年9月，外来"α公猴"又替换了"阿成"入主"FJC大洞群"，"FJC大洞群"中有3只成年雌性跟随"阿成"分裂到FJC"西山"另立新群，而另外3只成年雌性仍留在FJC大洞，成为这个家庭的元老，一直与每一轮新入主公猴繁殖后代；

2006年9月～2012年7月，外来公猴"印堂小凸"再替换了"α公猴"入主"FJC大洞群"并繁殖了29个后代；

2013年7月～2017年9月，经过3轮性竞争而胜出的外来公猴"渔翁"入主"FJC大洞群"并繁殖后代，使"FJC大洞群"这个家庭成为5代雌性同堂的繁盛大家庭。

我们将"FJC大洞群"每只雌性都分别列出了它们的血缘谱系，可以看到这个家庭是一个以雌性为中心，并彼此都具有密切亲缘关系的大家庭。图4-9、图4-10以列举雌性"假假"的血缘谱系为例，展示白头叶猴家庭内部亲密血缘关系的情况。

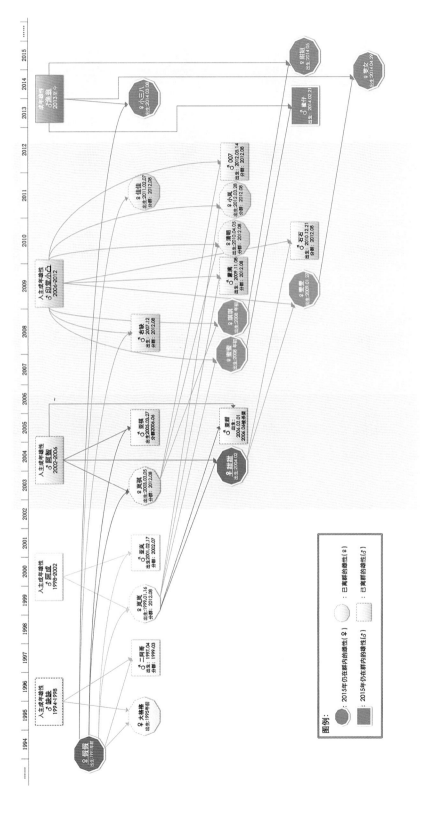

图4-9　"假假家系"谱系图（1994～2015年）

a. "假假"

b. "假假"和"佳佳"（"假假"和"印堂小凸"的女儿）

c.“岚祺”（“假假”和“α公猴”的女儿）和“007”（“岚祺”和“印堂小凸”的儿子，“假假”的外孙）

d. "右缺"（"假假"和"印堂小凸"的儿子）

e. "岚岚"（"假假"和"阿成"的女儿）和"小岚"
（"岚岚"和"印堂小凸"的女儿，"假假"的孙女）

f. "雯雯"（"甜甜"和"印堂小凸"的女儿，"假假"的孙女）和
"石石"（"甜甜"和"印堂小凸"的儿子，"假假"的外孙）

图4-10 "假假"和FJC大洞群几任入主公猴所生部分后代照片

（二）白头叶猴的性竞争和性选择

在野外，我们常常观察到那些游荡在家庭群之外的成年雄性白头叶猴，总是千方百计地窥探和企图进入某一个家庭以拥有其中的雌性。因此，在白头叶猴社会中成年雄性之间总是为争夺雌性配偶而进行竞争，有时战斗也十分惨烈。但我们又发现，最后能够幸运地成功入主家庭群的雄性则是由家庭群中的雌性来决定的。

下面的例子是我们野外观察记录2012年7月至2013年12月外来成年公猴竞争入主FJC大洞群的事件经过。

1.第一次公猴竞争更替（2012年7月22日～2012年12月25日）

成年公猴"短尾+罗密欧"的组合（图4-11），经过约半个月对FJC大洞家庭群的窥视，并与FJC大洞的"印堂小凸"几经争斗，终于在2012年7月22日替代"印堂小凸"进入"FJC大洞群家庭"。"印堂小凸"带着3个妻子、4个女儿和13个儿子离开"大洞"，迁移到FJC南侧距离大洞150米的"小洞"。

在"短尾+罗密欧"组合入主大洞群的半年时间中，以"短尾"为主"罗密欧"为辅，管理"FJC大洞群"。它们还先后将"印堂小凸"留下的4个孩子（3～6月龄）"玉兔""小鹭""小针"和"小贝"分别"杀婴"了。随后，大洞群雌性大都有与"短尾"和"罗密欧"交配的情况，不过"罗密欧"比较受大洞群雌性欢迎，对其"呈臀"的频率高于"短尾"。"短尾"在2012年10月期间，与外来公猴争斗中脸颊和左脚先后两次严重受伤，但后期"短尾"独自管理大洞群的时间较多。

2.第二次公猴竞争更替（2012年12月25日～2013年7月14日）

另两只成年公猴，"圣哥+圣弟"的组合（图4-12）与已经入主FJC大洞群的"短尾+罗密欧"组合经过几轮较量之后，于2012年12月25日（圣诞节）替代了"短尾+罗密欧"组合，进入"FJC大洞群家庭"。

a. "短尾"

b. "罗密欧"

图4-11　　"短尾+罗密欧"组合

　　开始时，"圣哥+圣弟"组合的两只公猴地位平等。不久之后"圣弟"表现较为强势，驱逐欲与雌性交配的"圣哥"，而"圣哥"也表现为退让。同时"圣哥"还协助"圣弟"抵御"印堂小凸群"和"泊岳山群"的攻击。在"圣哥+圣弟"组合进入大洞群2个多月的时候，它们将母猴"平平"和"雨妹"在此期间生产的"小P"和"小M"两个黄仔"杀婴"了（按母猴怀孕和分娩时间推断应当是"短尾"或"罗密欧"的孩子）。而大洞群母猴大都表现为害怕或其他原因而躲避这两只公猴。

a."圣哥"

b."圣弟"

图4-12　"圣哥+圣弟"组合

3.第三次公猴竞争更替（2013年7月14日～2017年9月10日）

又是两只成年公猴"渔翁+小渔翁"的组合（图4-13），它们经过与"圣哥+圣弟"组合几番打斗，于2013年7月14日赶走"圣哥+圣弟"组合，成功入主FJC大洞群。

"渔翁"体格较"小渔翁"强健，同时，"渔翁"还得到大洞群母猴的帮助。"渔翁"和"小渔翁"驱逐来到大洞的原持家公猴"印堂小凸"和牠的儿子们。2个月后，"小渔翁"离开FJC大洞群。

最后是"渔翁"成功入主FJC大洞群家庭，成为新一届的当家公猴。在4年的住家期间，与大洞群母猴共生育了25个孩子。

a."渔翁"　　　　　　　　　　　　　　　　b."小渔翁"

图4-13　　"渔翁+小渔翁"组合

（三）社会结构

弄官山区的整体面积约24平方千米，一半为洼地和谷地，另一半为林立的石峰。

从1996年11月至2017年12月，我们在弄官山区观察并跟踪调查了69个组群的白头叶猴，它们分散在222个山头上面，平均每群占1～5个小山头（图4-14）。被我们记录过的白头叶猴的社群组织，归纳起来有以下4种基本形式。

图4-14　2017年9月FJC大洞
入主公猴"秋实"与母猴们

①家庭群前期：入主的新成年雄性与原家庭的成年雌性组成新的群体，并收养未成年雌性，没有幼仔。这个时期的群体不是很稳定，常常有外来公猴前来竞争入主权，因而这些公猴之间的激烈打斗时有发生。

②家庭群：新入主的成年雄性被原家庭的雌性接纳之后，它们便进入交配和生育孩子的阶段，原家庭的亚成年雌性会帮助妈妈或姨妈照顾新生幼仔，这个时期的家庭群体是稳定群体（图4-15）。

图4-15　2008年4月，FJC大洞入主公猴"印堂小凸"
　　　　和牠的13个妻子及第一轮繁殖的7个孩子

③过渡群：从家园中退让出来的成年雄性与原栖居地很少部分成年雌性、未成年女儿及全部儿子组成两性混杂在一起的群体，或有或无固定夜宿地，因而过着不稳定的生活（图4–16）。

图4-16　2012年7月，从FJC大洞退让的公猴"印堂小凸"带领全部的儿子、3个妻子、2个女儿和3个幼仔迁移到FJC小洞，成为"印堂小凸过渡群"

④全雄群：从家庭群退让出来的成年雄性与儿子们组成的全雄群，或只有兄弟们组成的全雄群体，它们没有固定夜宿地。但这个群体是白头叶猴社会最活跃和重要的基本单位，它们是整个分布区中的基因流。

当外来公猴成功入主一个家庭群之后，地就为这个母系世袭的家庭带来了外来基因。这样的基因流动周期每4年一次，即每个白头叶猴家庭群的基因每4年就会更新一次（图4-17）。

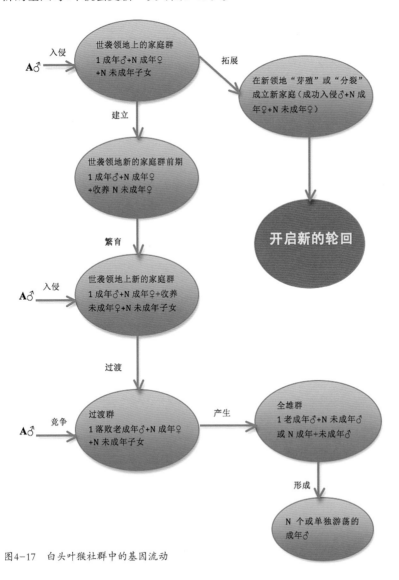

图4-17　白头叶猴社群中的基因流动

　　从我们所观察到的野外事实看，绝大部分白头叶猴雌性终生生活在母系的世袭家园里，只有通过入赘的成年公猴为这些母猴带来新一代的幼仔。这就决定白头叶猴社会中的雄性必须进行竞争才能入主家庭，同时在4年后又必须向外迁移。正是这种行为模式的正常运转，才能使弄官山区白头叶猴种群获得重建和延续！

　　归根到底，白头叶猴独特的社会结构和行为方式是属于白头叶猴自己的！当一只已年长的公猴带上自己全部的儿子，离开熟悉的家庭进入更广阔的社会空间去寻找新生活的起点时，牠的妻妾和女儿们则留在祖居地上迎接新入主的雄性，开启一轮新的生育周期（图4-18）。

　　这就是它们的生命，一代接一代所遵循的伦理。

图4-18   在我们的研究基地附近栖居了2个月后，"印堂小凸"准备带着牠的儿子们
          进入广阔的社会空间去寻找新生活的起点，完成传递族群基因的使命

第五章

白头叶猴的繁殖行为

在弄官山区22年的野外研究中，我们只
记录过一次白头叶猴双胞胎诞生的事实

白头叶猴所有的繁殖行为，

都是为了利用

最节省的时间生养

最多的子嗣。

　　所有生命一旦在地球上出现，其繁殖行为的本质就是利用最节省的时间争取生养最多的子女。

　　从20世纪50～70年代以后，生物学家通过研究生物繁殖行为才逐渐提出，生物对其生存的适应策略可以区分为"r对策者"和"K对策者"。

　　"r对策者（r strategist）"或可以称之为"机会主义物种（opportunistic species）"，它们是那些能够在极端情况下进行流浪的物种，如多种啮齿动物——当它们的栖息地遭到全部破坏之后，仅凭借其扩散能力和高速占领新地域的能力以及迅速繁殖后代的能力而力求维持生存下去。

　　"K对策者（K strategist）"或可以称之为"稳定物种（stable species）"，它们以较长时间生活在同一生境为特征；其群体与生境发生相互作用的过程中，都会使种群逐渐达到或接近达到各自饱和的状态；这些物种常常表现在特化现象，或在社群行为上因对抗同种成员加强监护、捍卫领域而形成长期生存的稳定群体。

一、白头叶猴是真正的"K对策者"

　　我们研究FJC白头叶猴的繁殖状况时发现，它们是一个典型的"K对策者"。因为它们生活在喀斯特陡峭的石壁上，可避免猛兽的侵害；栖息地中拥有丰富的食物资源；它们采用世袭稳定的"一夫多妻"制繁殖后代。白头叶猴既有低的死亡率，又有高的出生率；雌性幼仔跟随母亲留在原家庭中，雄性幼仔则跟随生父迁移到别处。这些生物学特征使它们成为稳定的种群。

　　1996年，弄官山区的自然生境遭受严重的破坏，那时FJC周围的植被几乎被砍光，白头叶猴的生境处于岌岌可危的状态；FJC群白头叶猴老老少少总共只剩下11只。它们因食物短缺，每天都要走出FJC的范围到很远的地方觅食。在那个艰难的时期中，这11只白头叶猴为了能够取得足够的食物竟拥有5个夜宿地。后来FJC的生境越来越好，白头叶猴的数量便出现了一个陡涨期——从最早奠基的11只，经过头10年繁殖增加至22只；然后又经过4年一轮的繁殖便达到44只（2010年）；至2017年，由它们分化出4个家庭，其中3个家庭的活动场所都在FJC范围内，另一个家庭则在紧邻FJC边上，这两处的面积总共约1平方千米，至今这个范围内繁殖的白头叶猴数量已经达到150多只。

白头叶猴是如何进行繁殖的？

对于白头叶猴种群生态学来说，这是一项十分重要的研究课题。我们必须在野外观察它们的性成熟年龄、生殖季节、怀孕期长短以及后代的出生率及死亡率等生物学参数。

二、白头叶猴两性性成熟年龄

（一）关于雄性

生活在家庭群中的青年雄性的性活动似乎处于休眠的状态，它们对自己的妈妈、姨妈与父亲的性活动置之不理；而同胞或半同胞姐妹也没有任何一只雌性对家庭中的这些年轻雄性示爱。直到这些年轻雄性跟随父亲离开出生地并四处游荡之后，它们的性活动行为才逐渐被激发出来。我们记录到少数年轻个体，在4.5～5.5岁的时候就离开爸爸带领的全雄群，估计它们在独立游荡的时期中，伺机通过打斗进入一个家庭群。而大多数雄性个体一直生活在由爸爸或哥哥率领的全雄群之中，在集体的相互帮助之下，先瞄准某个家庭群年老的公猴并与之争斗，然后全雄群中才会有一个性成熟兄弟被那个家庭的雌性所接受，之后"婚姻"才正式启动。

　　我们记录过5只这样的公猴的年龄，都是在6.5岁以上才分别正式进入某个家庭而成为入主公猴（表5-1）。

表5-1　成年公猴入主家庭群记录表

公猴姓名	出生时间	家庭群名称	入群时间	入主公猴年龄（岁）
无缺	2007.11	无缺家庭群	2015.03	7.3
右缺	2008.01	右缺家庭群	2017.03	9.1
汉林	2010.01.18	汉林家庭群	2016.09	6.7
小黑	2010.05.20	小黑家庭群	2016.11	6.5
石石	2010.12.21	石石家庭群	2017.10	6.8
入主家庭群平均年龄（岁）				7.3

（二）关于雌性

　　生活在家庭中的年轻雌性，她们中有些年龄很小就知道向入主公猴示爱，我们认为她们的这些行为并不能说明她们卵巢中的卵子已经成熟，尽管有时候也得到入主成年公猴的"骑胯"，但很可能不是真正的交配。要确知白头叶猴雌性真正的性成熟年龄，只有记录她第一次产仔的年龄，再减去其怀孕期便是性成熟年龄。

　　1998年至2016年，我们共记录到FJC大洞群和小洞群15只雌性白头叶猴第一次产仔的时间，其中最小年龄为4.8岁，最大年龄为6.2岁，平均在5.4岁时第一次产仔（表5-2，图5-1）。

　　因为白头叶猴的怀孕期最短为138天（引自《白头叶猴自然史》），相当于4.5个月（即0.375年），所以我们将5.4岁减去怀孕期0.375，等于5.025岁，即雌性白头叶猴性成熟年龄在5岁左右。

表5-2 1998年至2016年FJC的15只雌性白头叶猴的第一次产仔年龄

雌性姓名	出生时间	第一次产仔时间	头胎仔姓名及性别	雌性第一次产仔年龄（岁）
迎迎	1998.12.15	2004.02.01	宝宝 ♂	5.1
平平	1998.12.19	2004.12.01	贝贝 ♀	5.9
岚岚	1999.01.01	2004.02.01	甜甜 ♀	5.1
岚祺	2003.03.05	2007.12	琪琪 ♀	4.8
甜甜	2004.02.01	2009.01.27	雯雯 ♀	5.0
亚夕	2005.01.05	2010.01.09	小玖 ♀	5.0
贝贝	2004.12.01	2010.01.14	瓜来 ♂	5.1
亚鹭	2005.02.12	2010.01.18	汉林 ♂	4.9
亚雨	2005.03.02	2011.01.02	壹壹 ♂	5.8
蜜蜜	2007.12	2014.02.12	蜜仔 ♂	6.2
雨妹	2008.01.08	2014.03.11	小M ♂	6.2
珍珠	2008.03	2013.12.06	小璇 ♂	5.7
雯雯	2009.01.27	2014.04.29	雯女 ♀	5.2
小玖	2010.01.09	2015.04.09	朱莉 ♀	5.3
清明	2010.04.05	2015.11.26	优生 ♀	5.6
雌性平均第一次产仔年龄（岁）				5.4

a. "亚夕"在5岁时生产第一个孩子"小玖"（2010年1月9日）

b. "亚雨"在5.8岁时生产第一个孩子"壹壹"（2011年1月2日）

图5-1   "亚夕""亚雨"与自己的第一个孩子

三、生殖行为的季节性差异

本小节所要讨论的问题是关于白头叶猴的交配行为和产仔行为是随着季节而发生变化的。

（一）交配活动高峰期

2010年至2015年，我们使用高清摄影机在FJC共拍摄到白头叶猴交配行为：雌性向雄性"呈臀" 362次，雄性"骑胯"雌性106次。统计数据列于表5-3和图5-2。

表5-3　2010年至2015年FJC白头叶猴"♀呈臀"次数与"♂骑胯"次数记录表

次数 ＼ 月份	1	2	3	4	5	6	7	8	9	10	11	12	小计
"♀呈臀"	21	15	38	15	6	19	80	73	6	21	43	25	362
"♂骑胯"	3	6	6	6	3	17	9	16	6	8	23	3	106
总计	24	21	44	21	9	36	89	89	12	29	66	28	468

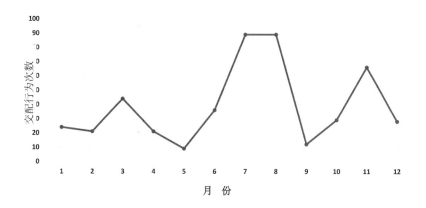

图5-2　2010年至2015年FJC白头叶猴"交配行为"次数统计折线图

从表5-3的数据和图5-2看出：

①成年入主公猴"骑胯"雌性的行为共记录到106次。其中6～10月为56次，占全年总数的52.8%；从11月至翌年3月的"骑胯"次数累计为41次，占全年总数的38.7%；4～5月的"骑胯"次数仅9次，占全年总数的8.5%。由此看来，雄性"骑胯"雌性的高峰期在夏季，尤其是在7、8两个月。

②雌性向雄性"呈臀"的行为共记录到362次。其中6～10月199次，占全年总数的55%；11月至翌年3月的"呈臀"次数共142次，占全年总数的39.2%；而4～5月"呈臀"次数仅为21次，占全年总数的5.8%。由此看来，雌性向雄性"呈臀"的高峰期也在夏季，尤其是在7、8两个月。

由于白头叶猴"骑胯"和"呈臀"的"交配行为"在全年各月份都存在，但是在7、8两个月更为密集，并表现出雌雄同步的现象，因此我们推断她们的产仔也会有高峰期。

（二）产仔高峰期在冬季

既然白头叶猴的"交配行为"具有明显的高峰季节，那么幼仔出生的时期也应当呈现出季节性的特征，这是一种受到它们内在生理调控的因果关系。

表5-4和图5-3列出了从1996年11月至2015年12月，FJC出生的98只白头叶猴幼仔出生的月份。记录表明，每年11月至翌年3月的冬季期间，共生产了83只幼仔，占出生幼仔总数的84.7%；4～5月出生13只幼仔，占出生幼仔总数的13.3%，显示了迅速减少的过渡状态；此后便进入一个很少产仔的季节，夏季的6～7月仅出生2只幼仔，占出生幼仔总数的2%；8～10月没有一只幼仔出生。由此看来，白头叶猴的产仔高峰期集中在每年的冬季，尤其在12月至翌年1月。

表5-4　1996年至2015年FJC大洞、小洞白头叶猴幼仔出生的
时间分布状况记录表（单位：只）

时期 ＼ 月份	8	9	10	11	12	1	2	3	4	5	6	7	合计
1996.11～1998.04	0	0	0	7	8	2	1	1	1	0	0	0	20
1998.04～2002.07	0	0	0	3	0	5	1	1	0	0	0	0	10
2002.07～2006.09	0	0	0	1	6	1	5	3	1	0	0	0	17
2006.09～2012.07	0	0	0	2	5	9	3	3	4	3	0	0	29
2012.07～2015.12	0	0	0	2	1	2	6	5	3	1	1	1	22
合计	0	0	0	15	20	19	16	13	9	4	1	1	98
（%）	0	0	0	15.3	20.4	19.4	16.3	13.3	9.2	4.1	1	1	

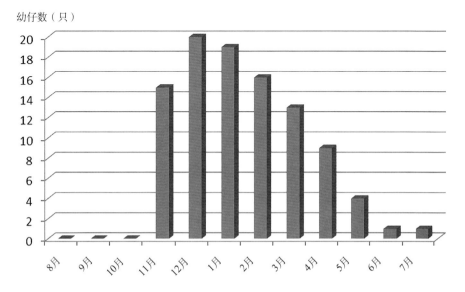

图5-3　1996年至2015年FJC白头叶猴幼仔出生月分布图

表5-3和表5-4显示，白头叶猴的"交配行为"和"生育季节"出现高峰期与月份有相关，这种情况暗示着白头叶猴两性的生殖生理过程存在着某种一致的倾向。因此我们推测，大多数雌性白头叶猴的排卵期集中在每年的7～8月，相隔4个半月之后的12月至翌年1月就是产仔的高峰期。

四、白头叶猴"呈臀"和"骑胯"活动的生物学意义

白头叶猴与其他猴类、猿和类人猿的交配习性相仿，全年都可以进行。它们恋情的产生不同于其他哺乳动物，这些进化级别更高的灵长类的恋情不受季节的影响——这就常常为白头叶猴的繁殖问题蒙上了一层迷雾。

既然白头叶猴两性之间的"骑胯"和"呈臀"行为在全年中任何时候都可以发生，而不像其他哺乳动物的交配活动那样受到季节的严格限制，那么我们该如何区别白头叶猴哪些交配活动是"真交配"？哪些是"假交配"呢？

（一）"呈臀"和"骑胯"是一种社交仪式

我们在野外跟踪观察中发现，尽管白头叶猴的家庭群是由单一的雄性拥有着一群妻妾，使得雄性在交配活动中常常有"雄性至上主义"的表现。但白头叶猴在发情期间，除了雄性追求雌性外，更多的记录却是雌性主动追求雄性，这与其他哺乳动物发情期的追求模式正好相反。因此，我们的关注点就集中在雌性白头叶猴主动向雄性"呈臀"和雄性"骑胯"雌性的行为上。

我们也把"呈臀"称为雌性向雄性的"邀配"，这是雌性白头叶猴用一种独特的姿态，将臀部呈现给入主公猴，并常把一条后腿向后伸展去触碰牠，其用意是邀请雄性进行交配。有时这种行为也偶尔会出现在雌性之间。

我们最早看到雌性"邀配"行为是1997年8月的一天清晨，并在随后的跟踪观察中记录到这只雌性于1998年1月产仔。当时因为受到研究设备的限制，未能对更多的白头叶猴雌性进行个体识别，研究工作也就难以深入。

直到2008年，我们有了高清摄像机并能够在近距离之内辨认和拍摄雌性个体"三角区"性皮斑纹的特征，然后在实验室进行计算机播放分析它们的交配行为。从此之后研究工作才得以逐步深入。

下面就是一次关于白头叶猴"交配行为"的野外记录（图5-4）。

2013 年 4 月 18 日，天气晴朗

时间：上午 10:45 ～ 12:00

地点：FJC 大洞西侧半山树丛至垭口

10:45　早上的觅食活动结束后，"FJC 大洞群"经过短暂休息便开始向大洞西北方向移动到石缝和垭口之间的半山处树丛下。我们距离猴群约 10 米，看清有 5 ～ 6 只母猴一直跟随着公猴"圣弟"，围绕在牠身边并轮流向牠"呈臀"。

11:05　在一处石阶上，母猴"小小"四肢着地，冲着坐在她身后的成年公猴"圣弟"开始"呈臀"。"小小"背部平直，时不时抬起一条后腿温柔地去触碰"圣弟"，而且她的脸和头迅速地左右摆动，把尾巴摆向体侧，翘起的臀部几乎贴到了"圣弟"的脸上。

11:10　"小小"臀部的白色三角区湿润，有黏液顺着右后腿向下流。

11:25　公猴"圣弟"的生殖器呈勃起状。

11:26:18　"圣弟"搂住"小小"的腰，一双后脚握住"小小"后脚小腿上部"骑胯"上去，4 秒后便下来。之后"圣弟"往左侧移动

约3米；不久"小小"和另外一只母猴从左右两侧同时"呈臀"，但"圣弟"置之不理。

11:29 "小小"继续保持"呈臀"姿势，"圣弟"边看边用左手触摸"小小"的阴部，似在检视母猴的状况。

11:29:34 "圣弟"再次"骑胯"了"小小"。这时候有3只母猴来到它们身旁，其中1只母猴用双手去抓"小小"的脸进行干扰；6秒后公猴从"小小"的背上下来。

11:33:48 "圣弟"又一次"骑胯"了"小小"8秒。

11:34 另外一只母猴与"小小"同时"呈臀"；"圣弟"再次伸手触摸"小小"臀部白色三角区进行检视。

11:35:44 "圣弟"与"小小"交配6秒。

11:36:40 "圣弟"与"小小"交配6秒。

11:37 "圣弟"与"小小"交配8秒，其间3只母猴在旁边干扰，其中1只母猴面对面抓住"小小"的脸左右晃动。

11:37:34 "圣弟"与"小小"交配8秒，有1只母猴伸手抓"圣弟"头顶的毛发进行干扰。

11:38:40 "圣弟"2次"骑胯"了"小小"，每次4秒。

11:39:06 "圣弟"紧紧拥抱住"小小"后腰，双脚顶在"小小"的小腿后面。"圣弟"的生殖器插进"小小"阴道，时间12秒；其间有1只母猴抓住"小小"的脸摇动，另2只母猴在旁边观看；"圣弟"停歇6秒后又再次与"小小"交配7秒。

之后，有13只母猴聚集在"圣弟"附近，虽然有三四只母猴向"圣弟"不断地"呈臀"，但他却不再理会；不久，猴群便慢慢地向果园垭口上移。

通过对更多野外录影资料的分析，我们发现雌性通过"呈臀"邀请入主公猴交配，但公猴并不是每次都接受，有时候甚至表现出不感兴趣。实际上，在"一夫多妻"的家庭中，雄性的精子是十分珍贵的，有经验的公猴会通过精细的检视来判断"邀配"的雌性是不是正处于排

a. 母猴"小小"向成年公猴"圣弟""呈臀"

b. 成年公猴"圣弟"与母猴"小小"交配

图5-4　成年公猴"圣弟"和母猴"小小"交配

卵期。曾经有人说他看到过一只入主公猴用一根手指头蘸取母猴阴道的分泌物后放入口中品尝。如果真的是这样，或许白头叶猴舌头的"大味蕾"也具有检测雌性白头叶猴生殖生理状况的功能。非洲狮和许多偶蹄类动物（如牛、羊等）的口腔中都有"大味蕾"的组织结构，它们能够从空气中捕捉到雌性个体是否释放排卵的信号。由于白头叶猴产仔的季节十分集中，由此可推断它们雌性的排卵期也十分集中，这对于家庭中唯一的公猴而言，其有限的精子储量的使用就应当十分精准，才能保证每只正处于排卵期的雌性怀孕。因此，雄性白头叶猴需要选择与真正排卵的雌性交配。

像其他进化等级较高的灵长类动物那样，白头叶猴雌性也存在在怀孕之前或怀孕期间，甚至在分娩前夕均有"呈臀"和"骑胯"的行为，那么我们如何在野外区分哪些交配行为是真正属于有射精活动的交配行为？哪些骑胯行为仅仅是社交仪式呢？

（二）白头叶猴也存在性周期

与高级灵长类动物猴和类人猿相比，一般的哺乳动物在一年中都具有明显的性周期，通常被称为"发情期"，可分为发情前期、发情期、发情后期和发情间期四个阶段。当它们处于发情期时，性欲旺盛，特别是雌性在此时期受到体内激素的影响而迫切要求交配。

灵长类雄性被认为无特殊的发情高潮，随时均能进行交配；但是灵长类雌性具有月经周期，在子宫内膜脱落的"月经（menstruation）"来潮时，灵长类雌性不进行交配。她们性活动的强度变化与月经周期有关，这是由于排卵是在两次月经的中间，人的月经周期为28天，黑猩猩为36天，白头叶猴与猕猴大致相同为25天。在排卵的时候，也就是说，每隔25天，雌性白头叶猴就会主动去追求雄性，表现出"邀配"行为。

现在，让我们回顾一下我们所统计白头叶猴全年2次主要性活动——"交配"（"呈臀"和"骑胯"）与"产仔"的数值上的差异，它们呈现的季节变化所给予我们的启示是：

第一，幼仔出生的时间全部集中在冬、春两季的5个月，而夏、秋两季的5个月基本没有幼仔出生。

第二，在夏、秋两季的5个月中，雌性向雄性"呈臀"和雄性"骑胯"雌性的比例分别为55%和52%，明显高于冬、春两季5个月这两个行为40%和38%的数值。

第三，已知白头叶猴的怀孕期为4.5个月，那么冬、春两季出生的幼仔，其卵子受孕时间就应该是夏、秋季节。

第四，既然夏、秋季节没有幼仔出生，说明冬、春季节所出现的"呈臀"与"骑胯"行为就不是真正的交配行为。因此，白头叶猴家庭在每年冬、春两季所发生的"骑胯"与"呈臀"活动，尽管占全年这两种行为38%和40%的比例，也都只是属于礼仪性质的。

由此可以得出的结论：白头叶猴社会中"骑胯"与"呈臀"行为的生物学意义，首先还是为了生育后代；其次"骑胯"与"呈臀"行为也是白头叶猴社交礼仪的一种方式，可以增进家庭成员间的和谐与合作（图5-5）。

a.雌性间的"呈臀"行为

b.社交仪式的骑胯行为

图5-5   社交仪式的"呈臀"和"骑胯"

五、白头叶猴的怀孕期

哺乳动物的生殖方式与鸟类、爬行类不同。首先是因为哺乳动物的卵很小，如小鼠卵子的直径为75～100微米，白头叶猴的卵子直径与人的卵子大小相当，直径约为135微米；其次，哺乳动物的卵子一旦受精就会在母体的子宫中着床直到胎儿从母体诞生，其全部营养物质都通过母体的胎盘供给，不必像鸟类那样必须贮存大量的卵黄，才能一直供养小鸟到破壳出生。

我们把哺乳动物从受精卵着床到胎儿诞生的全过程称为怀孕期。这是评价动物繁殖力的重要参数，那么该如何计算呢？

对于非灵长类的其他动物而言，它们怀孕期的计算方法是观察到某只雌性的最后一次交配日期与其分娩日期之间的间隔，但是这种方法却很难应用在白头叶猴身上。

因为白头叶猴的社会已经进化到了一个较高级的新阶段，它们社会活动中"交配行为"的起因已经与其他非灵长类的哺乳动物不同，即交配活动不仅仅只是为了繁殖后代，也是它们一种重要的社交活动仪式。它们既需要在排卵的真正的动情期，为了生育后代进行真实的"交配活动"，同时也可以在非排卵期或在怀孕期以及哺乳期间都有礼仪性质的"交配行为"。

从2008年之后，我们使用高清的摄影摄像设备，通过野外实地跟踪拍摄，得到了更多FJC雌性白头叶猴交配和产仔的记录，从而能够对白头叶猴的怀孕期进行细致地分析。我们认为如下两个实例反映了白头叶猴怀孕期的真实性。

①"假假"的怀孕期为139天：

2010年9月20日"印堂小凸"与"假假"交配，"假假"于2011年2月7日生下女儿"佳佳"，我们推算"假假"怀孕期为139天。

②"小小"的怀孕期为138天：

2010年9月22日"印堂小凸"与"小小"交配，"小小"于2011年2月8日生下女儿"初六"，我们推算"小小"怀孕期为138天。

通过上面两个记录，我们认为，白头叶猴用138天怀孕一只幼仔是可能的！

白头叶猴已经在左江南岸的弄官山区中生存了一百多万年，它们遵从着祖先传承下来的生殖惯性，一直在石山上觅食，在悬崖绝壁的凹隙间生儿育女，顺顺利利地传宗接代，对于科学家们绞尽脑汁寻找它们的"怀孕期长短"的问题"嗤之以鼻"。

六、白头叶猴的哺乳期

夜幕下，FJC大洞四周静得出奇。一只只白头叶猴都已经坐在各自的夜宿地位置上，但是它们没有立即睡觉，似乎在等待着就要发生的事情。

母猴"甜甜"的行为有些怪异：她的头和两手都趴在FJC大洞"手指洞"（我们给夜宿地位置做的标记）洞口的岩石上。过了一会儿，她后腿蹬直，用力把后臀翘了起来……58分钟后，有一个小小的脑袋从她的产道中被挤了出来。然后不到4分钟，带着黏液的幼仔就被妈妈拽了出来。"甜甜"背对着我们，在坚硬的峭壁上坐了下来，把湿漉漉的婴儿抱在怀里，用舌头去触碰娇嫩软弱的胎儿，仔细地、一遍又一遍地舔掉胎儿身上的羊水和污血。很快"甜甜"抱着幼仔进入"手指洞"里面。又过了4分钟，新生婴儿的外婆，也就是"甜甜"的妈妈，来到"甜甜"的身旁看望新生儿。

第二天，晨曦初露，"甜甜"怀里抱着已经能抓住妈妈腹部毛发的可爱的新生儿（我们给它取名"石石"），跟随全家一起离开夜宿地，"甜甜"的第一个女儿"雯雯"（"石石"的姐姐）跟随在妈妈后面。从这天起，"甜甜"又开始过上做母亲的艰辛生活。

由于白头叶猴的胎儿一旦出生就必须由母猴哺乳，因此对幼仔哺乳期长短的研究，是关于白头叶猴繁殖力一个重要的参数。我们记录了4只幼仔的断奶时间，它们是在FJC"印堂小凸家庭群"中出生于2010年12月至2011年2月的幼仔"石石""壹壹""佳佳"和"初六"，4只年龄相仿的幼仔的出生日期、性别及被哺乳期（表5-5）。

表5-5 FJC"印堂小凸家庭群"4只白头叶猴幼仔的出生日期、性别及被哺乳期
记录表

幼仔姓名	性别	出生日期	幼仔被哺乳期（天）	幼仔母亲姓名
石石	雄	2010.12.21	459	甜甜
壹壹	雄	2011.01.02	510	亚雨
佳佳	雌	2011.02.07	428	假假
初六	雌	2011.02.08	428	小小
幼仔平均被哺乳的天数（日）		456（428~510）（$n=4$）		

　　每只母猴都会竭尽全力哺育她的幼仔，表5-5所显示的数据说明
一个有趣的现象：2只雄性幼仔的被哺乳期长于雌性幼仔的被哺乳期达
1~2个月之久，反映了雌性白头叶猴的哺乳期长短受到环境因素、动物
的社会因素和生理因素的影响。

　　野外观察到，15~16月龄的白头叶猴幼仔已经能够独自觅食嫩叶嫩
芽，却仍一直跟在妈妈身边（图5-6），时不时吸吮妈妈的奶头，也许是
在孩子吸吮刺激下，少量的泌乳活动可以成为母猴的避孕方式。有时候
这种非真正哺乳的吸吮活动会给野外工作者带来错觉，错误地认为大幼
仔叼住母猴奶头就是在被哺乳，因而误断了白头叶猴的真正的哺乳期。

照片中从左至右4只抱仔的妈妈和黄仔分别是"假假"和女儿"佳佳"（71日龄），"小
小"和女儿"初六"（70日龄），"亚雨"和儿子"壹壹"（113日龄），"甜甜"和儿子
"石石"（123日龄）

图5-6 2011年4月19日晚，4只母猴怀抱自己的幼仔回到夜宿地1#位

七、白头叶猴的社会行为模式

白头叶猴都生活在各自的社群之中，每个个体的各项活动都必须为其自身的生存和种群的延续带来最大的收益。在年复一年的繁殖生态季节中，白头叶猴除了必须为存活的觅食活动以及繁殖后代活动等最主要的社会行为外，群体中还有什么其他社会行为模式呢？

理论上讲，动物所处的生态环境和自身所具备的生长发育状态与其行为模式的特征总是相联系的。白头叶猴家庭群中每个不同年龄、不同性别的家庭成员会如何各自承担帮助家庭中其他成员的责任，即有价值的行为模式呢？

从2008年开始，由于能够近距离地跟踪观察白头叶猴，我们得以了解它们社会行为的一些细微之处。我们将所观察记录到的白头叶猴社会行为模式划分为五大类，每一大类之下再分出一些具体的行为细节。

第一大类，防御行为。

成年或亚成年公猴驱逐外来者入侵，守护家人和领域的行为模式。具体行为模式有瞭望、警惕、示威、驱赶和守护等（图5-7）。

a.示威　　　　　　　　　b.瞭望

图5-7　防御行为

第二大类，觅食行为。

觅食是白头叶猴维持自身生命活动而必须每天做的事情，其中包括采食、饮水、停歇和移动等具体的行为模式（图5-8）。

a.饮水

b.采食

图5-8　觅食行为

第三大类，抚育行为。

白头叶猴家庭一旦有新生的黄仔，便成为这个组群最关注的事情，家庭的所有成员的行为模式都是尽可能降低它们的死亡率，提高成活率。这个大类的行为包括携带、看护、抢抱、哺乳、带领、怀抱和抱睡等具体的行为模式（图5-9）。

a.哺乳

b.看护

c.抢抱

d.抱睡

图5-9　抚育行为

　　第四大类，社交行为。

　　这是能使家庭成员之间关系和谐的一类行为，包括梳理、拥抱、友好露齿、不友好露齿、让位、不让位、骑胯、亲吻、呈臀、交配、亲密等具体行为模式（图5-10）。

a.梳理

b.拥抱

c.亲吻

d.友好

图5-10　社交行为

第五大类，其他行为。

这是白头叶猴日常生活的部分，不同的个体表现的程度会有不同，包括攀爬、跳跃、休息、睡觉等具体的行为模式（图5-11）。

a.攀爬

b.休息

c.跳跃　　　　　　　　d.睡觉

图5-11　其他行为

我们从"印堂小凸家庭群"社群行为观察中分析白头叶猴社会行为模式的特征。

特征一：入主公猴和亚成年及青年雄性负担着全部防御任务。入主公猴"印堂小凸"通过"吼声"的示威方式，把入侵者拒于领域之外，牠常常和3个大儿子采取联合防御的办法守卫自己的家园。入主公猴的防御行为占其所有社会行为模式的39.8%，亚成年及青年雄性的防御行为占其所有社会行为模式的12.9%，雌性则相对很少。

特征二：家庭中成年雌性、亚成年及青年雌性和少年雌性负担着对全部幼仔的抚育任务。母亲与孩子间具有牢固的关系，成年雌性是家庭的核心，她们与亚成年、青年及少年雌性共同担负抚育幼仔的职责。

特征三：普遍存在"助手行为"。"助手"是指家庭中非亲生母亲的雌性个体，例如外婆、姨妈、表姐等，她们不给小黄仔哺乳，但积极参与帮助抚育幼仔，是抚育行为模式的主体。成年雌性"助手"行为出现的概率为42.6%，青年雌性"助手"行为出现的概率为19.2%，少年雌性"助手"行为出现的概率为21.45%。

特点四："玩耍"是年轻白头叶猴社会化中重要的活动内容，是一种愉快的行为。"玩耍"有助于年轻的白头叶猴学习生存技巧，能使它们更好地成为家庭一员。因此"玩耍"行为起着重要的作用。小黄仔"玩耍"行为的概率约为10%，随着日龄的增长迅速达到20.8%（雌性）和41.7%（雄性），之后随着年龄的增长"玩耍"行为的比例逐渐降低。

特点五：白头叶猴家庭中所有成员的觅食活动同步化。入主公猴觅食活动占昼夜活动的比例为19%，成年雌性觅食活动占昼夜活动的比例为14.2%。

通过以上这些社会行为模式的特征，说明白头叶猴个体参与群体的社会活动的程度和彼此之间的相互紧密的关系能够提高整个家庭的遗传适合度，也提高了种群的总体适合度。

八、白头叶猴种群的性比

我们发现，白头叶猴的社会是由相互联系又相互分离的两个部分组成。

其一是家庭系统。它的核心成员是世代相传的母系，而其中唯一的成年雄性则是外来的个体。每个家庭的成员（包括父母和子女）间和谐紧密地生活在一起，几乎看不到它们之间存在等级关系；雄性负责守卫领地，雌性负责照顾幼仔；两性在性交行为的主动性上也处于同等地位。

其二就是入主成年雄性在其四年一轮的婚姻生活期间，生育两轮幼仔之后，便带领全部儿子离开家庭，开始一段全雄群的流动生活，并逐一帮助每个性成熟的儿子入侵其他家庭。这些雄性之间的血缘关系十分密切，也紧密地一起生活。

由于白头叶猴的雌性集中生活在绝壁上的世袭夜宿地，这种状况对于每只性成熟的成年雄性来说是一种有限的生殖资源，必须通过激烈的竞争才能拥有一个妻妾群，其竞争激烈程度将随种群中雌雄的比例而改变。

那么，在弄官山区白头叶猴种群中，雌性个体数量与雄性个体数量的比例，就是种群的性比（sex ratio）会是什么样子？

我们先从FJC白头叶猴的性别结构（sexual structure）进行分析：我们把出生时雌雄比例称为"第一性比"，未达到性成熟的青年个体的雌雄比例称为"第二性比"（只计存活的个体），把性成熟个体的雌雄比例称为"第三性比"（包括家庭群收养的外来雌性个体）。表5-6是对1998年至2015年在FJC大洞和小洞家庭群从出生到性成熟个体的白头叶猴个体性比统计。

表5-6所列数据表明：

①1998年至2015年，FJC白头叶猴大洞、小洞家庭群雌雄的第一性比

表5-6　1998年至2015年出生于FJC大洞、小洞家庭群的白头叶猴性比统计

时间	第一性比 （♀：♂）	第二性比 （♀：♂）	第三性比 （♀：♂）
1998	4：5	4：3	8：1
2002	6：9	6：5	7：1
2006	7：7	7：5	7：1
小计	17：21	17：13	22：3
♀：♂	1：1.2	1.3：1	7.3：1
2012	13：16	12：13	13：1
2013*	1：1	—	—
2013.07～2015.12	8：9	8：9	21：2
小计	22：26	20：22	34：3
♀：♂	1：1.2	1：1.1	11.3：1

*2012年7月至2013年6月FJC大洞群处在公猴轮流更替阶段，没有公猴成功入主。

和第二性比分别为1：1.2和1：1.1，说明在白头叶猴社群中，当两性幼仔出生至性未成熟的阶段（包括第一性比和第二性比），雌性和雄性的数量比例是基本相同的。

②当它们进入成年期的第三性比，1998年至2006年FJC大洞、小洞家庭群的成年雌雄的比例在3个繁殖轮回中累计为22：3（平均7.3：1）；但从2006年至2015年，FJC大洞、小洞家庭群的3个入主公猴所拥有的妻子达到34只，即成年雌雄的比例平均为11.3：1。

上述数据说明FJC白头叶猴的繁殖体系已经从复苏的阶段进入更迅速和更有效的增长阶段。原因应当是：

第一，由于家庭中雌性幼体逐渐长大并加入繁殖的行列，使入主家庭的成年雄性具有更多生殖资源。

第二，由于FJC植被逐年恢复，白头叶猴的食物资源比原先更为丰富，使白头叶猴们能够更多专心于繁殖后代。

第三，我们推测这个种群在此时期内遗传学上是健康与平衡的。但是这样的性别结构是否能够增加弄官山区种群的总体适合度还必须进行专门的分析（见第七章 ）。

九、弄官山区白头叶猴的年龄结构

种群中年龄的分布状况被称为"年龄结构（age structure）"或"年龄组成（age composition）"。动物种群的年龄分布是种群生态学中一个十分重要的特征，因为它直接影响到整个种群的健康状况率。

我们用了超过20年的时间对栖居在FJC大洞、小洞的每个家庭的每一个个体进行跟踪，从它们出生、发育、死亡、迁入和迁出的变化都进行了长期的记录，发现每个家庭各个年龄级别的个体数随时间的发展而有所变化。我们把白头叶猴个体生长—发育过程划分为5个年龄阶段：幼儿期（0～1.3岁，包括小黄仔和大黄仔），青少年期（1.3～4岁），亚成年期（4～5岁），成年期（5～25岁），老年期（♀>25岁；♂>23岁）。现将2015年研究核心区FJC的6个白头叶猴组群成员年龄分布状况数据列于表5-7。

表5-7显示，截至2015年，FJC白头叶猴群体中处于生育年龄的成年个体30只，占全群的32.3%，其中成年雌性24只占，全群的25.8%；不分性别的幼儿期、青少年期和亚成年期个体加在一起共占全群的61.4%；而老年个体仅占全群的6.4%。如果再经历一轮入主公猴的更替，FJC这3个家庭群进入繁殖的雌性个体数将达到45.7%。这样的年龄分布状况，说明FJC白头叶猴种群年龄结构的分布趋于平衡，并且种群大小仍将继续增长。

表5-7　2015年12月FJC6个白头叶猴组群成员年龄结构分布状况

组群名称	个体数量（只）	老年期（只）		成年期（只）		亚成年期（只）		青少年期（只）		幼儿期（只）	
		♂	♀	♂	♀	♂	♀	♂	♀	♂	♀
印堂小凸全雄群	15	1	0	3	0	7	0	3	0	1	0
渔翁家庭群	33	0	3	1	14	0	0	0	0	15	0
老邪家庭群	12	0	0	1	5	0	2	0	2	2	0
西山家庭群	11	0	0	1	4	0	0	0	2	4	0
泊岳山过渡群	15	1	0	0	1	8	0	3	1	1	0
放牛山全雄群	7	1	0	0	0	3	0	3	0	0	0
合计	93	3	3	6	24	18	2	9	5	23	0
占群体百分比（%）	100	3.2	3.2	6.5	25.8	19.4	2.2	9.7	5.4	24.7	

　　一个种群中具有更高的"繁殖价值（reproduction value）"的个体总是年轻雌性。FJC白头叶猴的年龄结构可以代表弄官山区白头叶猴的普遍状况，即青年个体占了种群结构的大部分，它们将随时间的延伸而达到性成熟并加入生殖的行列。因此，可以预见到本地区白头叶猴的数量将会迅速增加，当种群达到饱和时，它们就会向外扩散。

十、弄官山区白头叶猴的繁殖力

　　种群生态学把种群繁衍后代的能力叫作"种群繁殖力（reproduction capacity）"，种群繁殖力对种群的数量起调控作用。在自然状况下，种群繁殖力受出生率、死亡率、迁入与迁出等因素的直接影响。

　　我们将最近20年来对FJC大洞和小洞白头叶猴家庭群的繁殖力状况的观察记录整理为表5-8。

表5-8　FJC大洞、小洞各家庭群的繁殖力统计表（截至2015年12月）

家庭组群名称	缺缺家庭群	阿成家庭群	α公猴家庭群	印堂小凸家庭群	渔翁家庭群	印堂小凸过渡群	老邪家庭群
组群时间	1994~1998.04	1998.04~2002.06	2002.06~2006.09	2006.09~2012.07	2013.07~	2012.07~2015.03	2015.03~
个体数量（只）	18	23	22	44	32	25	10
出生个体数（只）	4♀5♂	6♀9♂	7♀7♂	13♀16♂	7♀8♂	1♀2♂	1♀1♂
出生率（%）	50.0	65.2	63.6	65.9	46.9	12.0	20.0
死亡个体数（只）	1♀2♂	4♂	2♂	3♀3♂	—	1♀1♂	—
死亡率（%）	16.7	17.4	9.1	13.6	—	8.0	—
净增长个体数（只）	6	11	12	23	15	1	2
净增长率（%）	33.3	47.8	54.5	52.3	46.9	4.0	20.0
备注	"黑妈妈"死于盗猎者之手	—	—	外来1♀加入	至2015年12月未分群	外来1♀加入	外来1♀加入，至2015年12月未分群

　　表5-8显示出FJC的7个白头叶猴组群的净增长均为正值，即白头叶
猴数量在增加。不过可以看到，研究核心区FJC白头叶猴的净增长数及
净增长率从1998年至2012年处于增长阶段，而此后则逐年下降。随着
我们研究的继续，将会看到弄官山区的白头叶猴数量达到相对平衡的
状态（图5-12）。

图5-12　"印堂小凸家庭群"，它们是成功的"K对策者"

第六章　弄官山区白头叶猴的数量

悬崖峭壁是它们安全的栖居地

白头叶猴在弄官山区

分布密度不均匀。

我们根据不同地区的特征，

采用不同的统计方法，

2015 年末，

弄官山区的白头叶猴数量达到近 800 只。

　　白头叶猴是当今世界上一个珍稀的物种，目前的数量有多少呢？

　　这是研究者和管理者们在实施保护时必须首先了解的资讯。对现存种群大小变化的了解，更是评价保护工作成效的重要指标。而所有的问题必须通过野外的实地调查和监测才能取得答案。

　　要准确弄清白头叶猴的数量并不是一件容易的事，其原因有以下三个方面：

　　第一，白头叶猴栖居的热带丛林植被茂密，环境隐蔽，加之它们身体黑白毛色与喀斯特石山很协调，研究者很难清晰地发现它们的存在。

　　第二，白头叶猴分布区分散在地形复杂和交通不便的地区，很多地方连小路都没有，研究人员想要找到白头叶猴，只能使用砍刀开山辟路才能到达陡峭的石山下面。

　　第三，白头叶猴早出晚归，只有在早晨、黄昏出现在峭壁上的夜宿地旁边，而这些时候的光线微弱，研究者难于进行个体识别，要准确统计个体数量也十分困难。

　　在20世纪70年代，有3位广西的研究者曾经对白头叶猴的分布状况进行过调查。

　　从1996年开始至今的20多年间，我们从最初的简陋的研究设备开始，到后来在多种现代电子设备的帮助下，对核心研究区域FJC大洞、小洞的白头叶猴进行了不间断的跟踪研究，才能对这片研究核心区白头叶猴的数量做出准确的统计。

一、白头叶猴曾经的分布

（一）20 世纪 70 年代白头叶猴分布状况

　　1977年6～8月和12月，广西珍贵动物资源调查队的申兰田、李汉华、吴名川等研究者对白头叶猴的地理分布及种群数量等都做了开创性的也是奠基性的研究，并发表了具有时代意义的调查报告，我们把他们的研究结果整理如下：

白头叶猴的产区位于广西的西南部，约在东经107°～108°、北纬22°06′～22°42′范围内，被夹在左江和明江之间的一个十分狭小的三角地带。研究者们试用了"小区蹲点绝对数量统计法"和"线路条带相对数量统计法"对总面积约为199.5平方千米有白头叶猴分布的地区进行了调查统计，结果如表6-1及图6-1所示。

表6-1　1977年部分白头叶猴分布区调查表（申兰田、李汉华，1982年）

分布区地段	所属县区	所属公社（乡）	分布区的地貌类型	调查面积（平方千米）	个体数量（只）	密度（只/千米²）
西段	龙州县	响水公社	属于陇瑞山区的石山密林地带	68	244	3.59
		上金公社				
	宁明县	亭亮公社				
		驮龙公社				
中段	崇左县	罗白公社	共6处石山、灌丛地带	43.5	117	2.69
		濑湍公社				
		驮卢公社				
东段	扶绥县	渠旧公社	共9处石山区丛林地带	88	272	3.09
		岜盆公社				
		渠黎公社				
		山圩公社				
		东门公社				
小结				199.5	633	3.17

图6-1　1977年白头叶猴分布图（申兰田，《广西师范大学学报》，1982）

（二）20世纪80年代白头叶猴分布状况

根据吴名川和申兰田等的调查报告，在20世纪80年代初期，白头叶猴的栖息地尽管经历了"大跃进"砍伐浩劫之后面积大为减少，但剩下的石山区域（包括陇瑞山区）仍维持着种群的生存。

1988年12月，潘文石在陇瑞山区调查时，粗略估算当时陇瑞自然保护区200平方千米的喀斯特石山范围内白头叶猴数量约有565只，密度为2.83只/千米^2。这个数字与1977年申兰田和李汉华调查陇瑞山区石山密林地带68平方千米内白头叶猴的数量密度为3.59只/千米^{2}相比略小些。反映出从20世纪70～80年代，此地区白头叶猴的种群动态基本稳定。

（三）20世纪90年代白头叶猴分布状况

距1988年末潘文石教授第一次独自访问陇瑞自然保护区10年后，1998年春天，他带领35位北京大学生命科学学院的毕业学生，满怀期待地第二次进入陇瑞自然保护区。尽管北热带气候的自然生境没有什么变化，热带丛林那些巨大的人面子、大叶榕（图6-2）等仍在，灌木丛林和藤蔓也依然攀爬在陡峭的悬崖石壁上，但是，曾经成群结队的猕猴、水鹿和野猪都不见了，红面猴和金钱豹以及11只蜂猴也不见了，连一只白头叶猴都未能见到。

图6-2　陇瑞的巨大榕树

　　后来，潘教授的博士生冉文忠曾经于1999～2001年对当时散布在左江与明江范围之内的4个白头叶猴的地理种群的分布与数量进行过深入调查研究，统计白头叶猴正在使用的洞穴（新鲜夜宿洞）或长久不用只留下"尿迹（ghost spoor）"的地方（陈旧夜宿洞），调查结果见表6-2。

表6-2　左江南岸4个曾经白头叶猴分布区的调查结果（冉文忠，2001）

序号	调查地点	调查面积（平方千米）	调查路线长（千米）	新鲜夜宿洞（个）	陈旧夜宿洞（个）	遇见白头叶猴个体数（只）
1	陇瑞—陇山地区	25.86	55.3	0	147	0
2	陇丰山区	6.70	21.4	1	23	0
3	岜执旗山区	11.41	28.0	1	35	0
4	弄斗山区	2.66	6.91	8	25	0
合计		46.63	111.61	10	230	0

　　20世纪80～90年代，陇瑞自然保护区白头叶猴的数量还有至少500多只，从多位科学工作者的研究报告中都表明，这个区域是地球上最大的一个白头叶猴地方性种群所在地。但是这个拥有200平方千米热带喀斯特季雨林栖息地中的500多只白头叶猴竟在10年之内完全消失掉了。而陇丰山区、岜执旗山区和弄斗山区三个地理种群，根据调查统计的陈旧夜宿洞估算种群数量估计在20世纪80～90年代，每个地理种群的数量至少也有200～300只。这4个地理种群的1000多只白头叶猴，就在21世纪到来之前或当21世纪的曙光微露的时候，全部死于盗猎者之手。

　　在白头叶猴祖祖辈辈居留地上所看到的最后一幕是：它们曾经居住过的悬崖绝壁上仍遗留着数百个"尿迹"，然而却未能见到一只活着的个体。

　　这个时期，弄官山区白头叶猴的命运也处在风雨飘摇之中。1996年11月，潘教授进入弄官山区寻找残存下来的白头叶猴，当时只有6个家庭群和3个全雄群共105只个体，它们很可能也会像其他4个地理种群那样在数年之内便消失得无影无踪了。在潘教授的请求下，当时崇左县委和县政府采取一系列措施，阻止盗猎、盗伐、开山炸石等行为，弄官山区白头叶猴种群才得以生存下来。

20多年过去了，残存的弄官山区白头叶猴种群经过其最初的建群阶段，由6个家庭群的"一雄多雌"交配系统作为核心单位进行繁殖，不断扩增着数量。

那么，目前弄官山区的白头叶猴有多少只呢？

二、选择适宜的调查方法

我们坚持认为，最准确的方法是研究者耐心地蹲守在白头叶猴夜宿地的绝壁下认真计数。但是，弄官山区共有222座石山，要做到这一点十分困难，必须投入大量时间及人力才行。如果要在短期内进行数量统计，就必须寻找一些更适宜的办法。

（一）我们不采用"截线法"统计白头叶猴数量的原因

从20世纪后期开始，估算野生动物的种群密度普遍采用"截线法"。实际上，这个方法是"样线法"的改进版。

"截线法"是一个简单的数学模型，具体操作是：在调查样线两侧，以平均垂直距离作为在野外自然生境中可以看到野生动物（个体或组群）的有效样带宽度来计算野生动物的种群密度。

由于"截线法"的统计结果往往过于偏高，或在同一线路上进行不同时间的统计常常产生巨大的误差，因此我们在弄官山区不采用这种方法进行白头叶猴种群密度统计。最重要的原因是弄官山区复杂的喀斯特峰<u>丛</u>洼地和峰林谷地地貌背景，无法满足"截线法"模型所要求的那些重要的前提条件，诸如：

①由于受到石山和<u>丛</u>林的阻挡，不能满足在调查线路上的所有路段都能观察到白头叶猴；

②由于受到喀斯特石山地形的限制，调查路线必须根据地形的实际情况进行设定，不能满足调查线路是随机的；

③由于受到喀斯特石山地形的限制，不能满足各段调查路线均为直线；

④由于白头叶猴生活在热带丛林中和喀斯特石山上，不能满足被观察白头叶猴的概率不受群体大小的影响。因为即使在同一地区之中，出现白头叶猴的个体数也随时都可能发生变化。

（二）我们对"样线法"进行的实验

盛和林教授（1992）认为，要准确计算野生动物的数量是非常困难的，但他还是认为"样线法"是估算野生动物种群密度的优良方法之一。

本研究也认为，选择采用"样线法"来估算弄官山区白头叶猴的种群密度是一种简便易行的方法，但是其结果有可能不十分准确。由于研究者只能在现成的石山区的地面小路上行走，无法到达白头叶猴居住的悬崖峭壁上，因此无法把调查的路线覆盖到白头叶猴的全部分布区。在这种情况下，采用"样线法"所调查的路线只能涉及白头叶猴活动总面积的一部分。

为了弄清楚采用"样线法"的统计结果与真实存在的结果的误差究竟有多大？我们设计并实施了如下两个实验。

1.实验一：比较采用"蹲点法"和"样线法"调查"泊岳山过渡群"白头叶猴的数量

（1）采用"蹲点法"进行绝对数量的统计。

我们通过多次蹲点和跟踪，已经记录了"泊岳山过渡群"白头叶猴的活动范围（图6-3）及确切的组群成员：

①"泊岳山过渡群"活动区域的边界包括北边从泊岳山山顶到山脚的坡基裙的丛林，因山体基部与甘蔗田紧密相连而没有现成的小路可走；南边则从山顶往下延伸至山脚并与研究基地的杧果、扁桃、榕树及野生苦楝、银合欢等植被相连，研究者能够在近距离（有时能在2米之内）观察到它们并进行个体识别。

②在2015年12月，"泊岳山过渡群"共有15只个体，包括1只成年雄性、1只成年雌性、1只青年雌性、1只约1岁龄雄性大黄仔和11只2～4岁青年雄性。

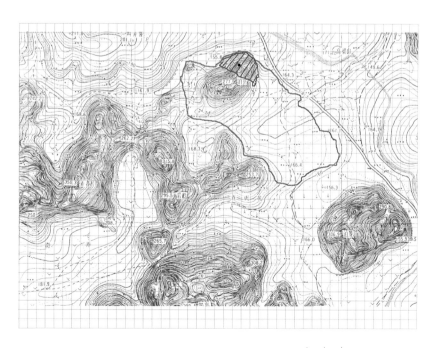

红线范围内为巢域，阴影部分是领域

0m 100m 200m

图6-3 "泊岳山过渡群"的巢域和领域

（2）采用"样线法"进行相对数量的统计。

在"泊岳山过渡群"的家域内选择每日固定的调查路线，也是这个白头叶猴组群相对固定的移动路线。11月至翌年1月是银合欢种子成熟的季节，当白头叶猴从泊岳山下来边觅食银合欢种子边移动时，我们对这个白头叶猴组群进行调查（图6-4）。

样线法实验结果：在连续19天的调查中，共有20次遇见"泊岳山过渡群"，平均每次遇见8.4只（ $n=20$ ）。调查的结果见表6-3。

图6-4　采用"样线法"跟踪观察在台湾相思树采食的"泊岳山过渡群"

2. 实验二：采用"蹲点法"和"样线法"调查"FJC小洞家庭群"白头叶猴的数量

（1）采用"蹲点法"进行绝对数量的统计。

通过长期蹲守和跟踪调查，我们已知2015年12月"FJC小洞家庭群"的实际个体数量为12只。活动范围包括FJC南边小洞山，往东和往南便可到达桃花谷和研究基地房后山一带，其南边至"小山"，西边则面对FJC洼地。

（2）采用"样线法"进行相对数量的统计。

在"FJC小洞家庭群"的家域内选择一条从研究基地东边顺着西南方向绕着房后山通向FJC的1.6千米长的山边路径进行取样调查。

样线法实验结果：在连续21天的调查中，共有24次遇见"小洞家庭群"，平均每次遇见6.9只（*n*=24）。调查的结果见表6-3。

表6-3　采用"样线法"对"泊岳山过渡群"和"FJC小洞群"白头叶猴数量调查统计结果表

组群名称	观察时间	观察天数（天）	观察次数（次）	遇见次数（次）	遇见率（%）	平均每次遇见个体（只/次）	组群实际个体数（只）	平均组群中个体遇见率（%）
泊岳山过渡群	2015.12.06~2016.01.06	19	70	20	28.6	8.4	15	56.0
FJC小洞群	2015.12.06~2016.01.07	21	87	24	27.6	6.9	12	57.5
平均值			78.5	22	28.1	7.65		56.75

从图6-5可以看出，分别采用"蹲点法"和"样线法"统计白头叶猴数量的结果存在较大的差异，"样线法"调查的白头叶猴数量只能达到这个群体实际数量的56.75%。但是，我们注意到，采用"样线法"统计两个组群在野外的遇见率基本是相同的（56.0%和57.5%），因此，我们就可以使用这个比值来帮助我们统计弄官山区白头叶猴的数量。

三、弄官山区白头叶猴的数量

从总的趋势来看，弄官山区白头叶猴的数量仍处在继续增长的阶段。也就是说，迄今为止白头叶猴在弄官山区的分布和数量还没发展到

红色圆点为采用"蹲点法"观察所设定点观测点；绿色虚线为采用"样线法"调查取样设定的线路

图6-5　采用"蹲点法"和"样线法"进行"FJC小洞家庭群"白头叶猴数量调查的图示

饱和状态。由于弄官山区白头叶猴的数量分布并不均匀，这就决定了我们不能采取统一的以"样方地密度"求"全地区数量"的方法。同时，也由于受研究者时间与人力的限制，我们只能在不同区域内采用不同的方法进行调查。

我们采用"蹲点法"研究核心区——FJC区域白头叶猴的数量。

FJC在我们的研究工作中是一个最重要的区域，其地理位置处在弄官山区的最东北部，从"放哨山（FSS）"经"泊岳山（BYS）"至FJC东西两侧。白头叶猴居住的喀斯特石山和洼地总面积为1.026平方千米。从1996年11月至1997年3月开始记录居住在研究核心区FJC范围内的白头叶猴"缺缺家庭群"只有15只，包括成年雄性1只、成年雌性7只和7个儿女。后来这个家庭群因入主公猴更替而发生了4次变动和分化。至2015年6月前，居住在这片区域的白头叶猴便分为"FJC大

图6-6　FJC核心研究区域内部分白头叶猴组群分布地点实景图

洞家庭群""FJC小洞家庭群""西山（XS）家庭群（3群+3只入主公猴）""FSS家庭群（2群+2只入主公猴）""印堂小凸全雄群""BYS过渡群""XS全雄群"和大约一半时间进入FJC区域的"FNS越境者群"（图6-6），保守计算这些白头叶猴组群总数为（也包括迁出的雄性和迁入的雌性的个体数）：

33（FJC大洞群）+12（FJC小洞群）+（46+3A♂）（XS组群）+（38+2A♂）（FSS组群）+14（印堂小凸全雄群）+15（BYS过渡群）+5（XS全雄群）+4（FNS1/2越境者群）=172（只）

2015年6月，因"印堂小凸全雄群"离开FJC核心区，使这里白头叶猴总数应减去其全部14只个体（172只－14只）而成为158只。

因此在这片区域中，白头叶猴的种群密度为154只/千米²（158只÷1.026平方千米）。这里是弄官山区白头叶猴最密集的分布区。

　　纵观整个弄官山区，白头叶猴的分布是不均匀的，因此我们不能用FJC区域白头叶猴种群的密度来计算整个弄官山区白头叶猴的数量，而需要采用因地制宜的方法。

　　根据长期的野外观察，我们按弄官山区白头叶猴的地区分布特点，将弄官山区分为三片调查区域，在不同地区设计适宜的调查线路，并采用不同的统计方法统计各区域中白头叶猴的数量（图6-7）。

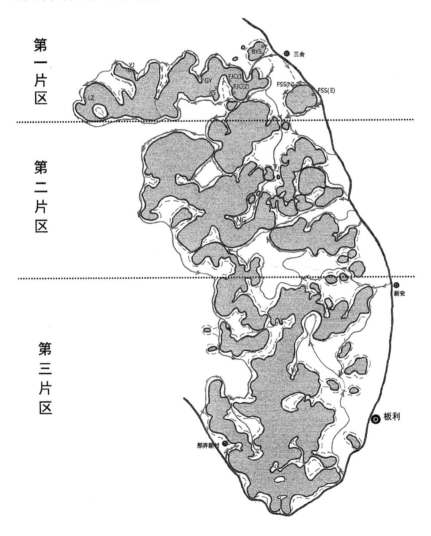

图中手绘虚线和实线均为野外调查线路

图6-7　弄官山区调查路线和白头叶猴组群分布图（1∶10000）

（一）第一片区的白头叶猴数量

我们把包括"研究核心区FJC"在内的一片白头叶猴密集分布区称为"第一片区"（图6-8），其范围是：

图6-8 弄官山区白头叶猴分布区第一片区俯瞰图

FJC东侧区，包括研究核心区域的FJC大洞、小洞白头叶猴的活动区域至果园一带；

FJC南侧区，包括紧挨研究基地东南围墙边的FSS；

FJC西侧区，包括居住在FJC西山的白头叶猴的活动区域向西延伸至雷寨；

FJC北侧区，包括研究基地北面的BYS。

经过长期的跟踪研究，我们对第一片区的状况已非常熟悉，因此我们始终采用"蹲点法"调查该区域共12个白头叶猴组群的数量，统计结果见表6-4。

表6-4 采用"蹲点法"对弄官山区第一片区白头叶猴组群及数量的调查统计表（2015年4月至12月）

序号	地点	组群名称	调查所见数量（只）	夜宿点	组群情况
1	FJC	大洞家庭群	33	1	1♂；17♀；15仔
2	FJC	小洞家庭群	12	1	1♂；9♀；2仔
3	XS	西山家庭群	11	2	1♂；6♀；4仔
4	GY	果园家庭群	20	1	家庭群，有大黄仔
5	GYN	果园南家庭群	10	1	家庭群，有青年雌性和大黄仔
6	FSS(N)	放哨山家庭群（北）	20	1	家庭群，大、小黄仔均有
7	FSS(E)	放哨山家庭群（东）	20	2	过渡家庭群，有大黄仔
8	YJ	羊圈	35	2	家庭群，大、小黄仔均有
9	LZ	雷寨	28	1	家庭群，有黄仔
10	BYS	泊岳山	15	1	过渡群，有成年雌性1只及未成年雌性1只
11	XS-M	西山	5	未知	全雄群
12	FNS-FJC	放牛山-M	7（8-1）	未知	全雄群，其中1只青年雌性加入小洞家庭群
总计（只）			216		

注：上表各组群名称是本研究小组根据各白头叶猴组群夜宿地的地名命名。

（二）第二片区的白头叶猴数量

第二片区在紧接着第一片区以南至弄涝以北，围绕着弄官山主峰为中心的地区，面积为4.6平方千米。2015年4月至12月，在我们的野外调查中发现，这个片区白头叶猴分布还比较密集，至少居住有22个组群（表6-5）。

表6-5　采用"样线法"对弄官山区第二片区白头叶猴组群及数量的调查统计表
（2015年4月至12月）

序号	地点	组群名称	调查所见数量（只）	夜宿点	组群情况
1	FNS（N）	放牛山（北）	10	未知	家庭群，有小黄仔
2	FNS（S）	放牛山（南）	8	未知	家庭群，有大黄仔
3	MZS	母子山	12	2	家庭群，大、小黄仔均有
4	NS	弄水	10	2	家庭群，有至少2只黄仔
5	NQ	弄穷	30	2~3	家庭群，有大、小黄仔
6	NG	弄更	24	2	家庭群，有大、小黄仔
7	NX	弄象	13	2	"无缺家庭群"，有小黄仔（"蹲点法"）
8	TXD	桃心洞	8	2	家庭群，有大黄仔
9	NA	弄安	10	1	家庭群，见2只黄仔
10	NL	弄卢	8	1	家庭群，见1只约2岁的大仔
11	NT	弄桶	20	2	家庭群，见黄仔
12	NGK1	弄官口（东）	10	2	家庭群，见1只小黄仔，至少2只大黄仔
13	NGK2	弄官口（西）	17	2	家庭群，见1只小黄仔，2只大黄仔

续表

序号	地点	组群名称	调查所见数量（只）	夜宿点	组群情况
14	NG-1	弄官（西）	16	3～4	不稳定雌性群，"印堂小凸全雄群"正觊觎
15	NG-2	弄官（东）	12	2	家庭群，见大黄仔雄性2只
16	NBG-1	弄巴嘎（外）	10	2～3	家庭群，1只大黄仔，"印堂小凸全雄群"曾入侵未遂
17	NBG-2	弄巴嘎（里）	4	2～3	家庭群，1♂3♀，没有看到小黄仔
18	SHY	石灰窑	7	2	家庭群，有黄仔
19	NG-3	弄官（中）	3		流浪全雄群
20	BQS	背鳍山	12		"印堂小凸全雄群"（"蹲点法"）
21	NL-M	弄涝（北）	5		流浪全雄群
22	NF-1	弄峰（北）	3		流浪全雄群

注：上表各组群名称是本研究小组根据各白头叶猴组群夜宿地的地名命名。

我们对这片区域的白头叶猴数量主要采用"样线法"进行统计，即以我们在野外进行试验的20个组群所见到的实际个体数除以在自然状态下的平均遇见率56.75%来推算该片区白头叶猴的实际个体数量，再加上2个以"蹲点法"跟踪观察到个体数量确定的组群，估算这片地区实际生活着的白头叶猴的数量应为：

$$（227÷0.5675）+13+12=425（只）$$

那么在这片区域中白头叶猴的种群密度应为92.4只/千米^2，平均19.3只/群。

（三）第三片区的白头叶猴数量

此区域包括从弄涝开始向南延伸并越过省道公路的一片喀斯特石山较低矮和分散的区域，其总面积约6.4平方千米，其中仍存在不少白头叶猴陈旧夜宿地的痕迹，但是却很少遇见现存的白头叶猴。

2015年4月至12月，我们在野外调查中发现，这个片区白头叶猴数量均处在偏低的水平。我们在本区域观察到8个家庭群和2个全雄群（表6-6）。

表6-6 用"样线法"对弄官山区第三片区白头叶猴组群及数量的调查统计表
（2015年4月至12月）

序号	地点	组群名称	调查所见数量（只）	夜宿点	组群情况
1	NL	弄涝	6	2~3	家庭群，有2只小幼仔
2	NF-2	弄峰西	5		流浪全雄群
3	NF-3	弄峰东	7		流浪全雄群
4	NN-1~7	那弄片区	7个家庭群共71只个体，每群遇见6~13只个体，均有大、小黄仔		

注：上表各组群名称是本研究小组根据各白头叶猴组群夜宿地的地名命名。

我们对这片区域的白头叶猴数量同样采用"样线法"进行统计，即以我们在野外观察到的10个组群的个体数除以在自然状态下的平均遇见率56.75%来估算这片地区实际生活着的白头叶猴的数量应为：

$$89 \div 0.5675 = 156.8（只）$$

那么，第三片区白头叶猴种群密度为24.5只/千米²，平均8.9只/群。

（四）弄官山区白头叶猴的总数量

至2015年末，弄官山区3个片区的白头叶猴数量：

$$216 + 425 + 156 = 797（只）$$

由于每年的12月至翌年2月是白头叶猴产仔的高峰季节，按2015年

12月至2016年3月"FJC大洞群""FJC小洞群"和"XS群"的新生黄仔数量（大洞群增加6只幼仔、小洞群增加4只幼仔、西山群没有增加幼仔）来统计的话，应该有三分之二的家庭群都可能增添幼仔，即弄官山区3个片区中的33个家庭约有22个家庭会增添幼仔，推算每个家庭群可增添4～6只幼仔。如果按最低的增加量4只/群来估算，弄官山区每年至少增加新生幼仔88只。

每年春天，随着新一轮幼仔的诞生，必然会使这个种群瞬间增加许多新的生命——它们以金光灿灿的身姿，跟随着妈妈、兄弟姐妹和父亲，在弄官山区幽深的青林里飞旋（图6-9）。

图6-9　弄官山区的白头叶猴

第七章 弄官山区白头叶猴的生存力分析

使用 VORTEX 9.99c 的统计模型，

模拟预测这个种群

至 2017 年达到稳定状态，

并一直维持下去。

　　大约140万年前，生活在中爪哇的古叶猴中有少量通过西太平洋大陆架成功地进入到弄官山区，它们在自然选择的作用下，经过20多万代的突变、选择，并积累一系列微小而有益的变异而逐渐演化成为我们今天所见到的白头叶猴的模样。

　　它们在弄官山区中占有一个适当的生态位——悬崖峭壁上的栖息场所，适当的食物，一同迁徙来的伴侣，没有吞噬它们的敌人——而生存下来。

　　然而，到了20世纪的后半叶，弄官山区的生态系统遭到了巨大的破坏，在造成许多物种灭绝的情况下，白头叶猴还得以幸存下来；不过，它们也已经处于灭亡的边缘。

一、关于近交衰退的影响

　　从地理环境来看，弄官山区与其他有白头叶猴栖居的山区相距甚远，同时由于其四周被农田包围而使得弄官山区的白头叶猴成为一个孤立的小种群。从遗传学的角度来看，小种群最致命的一点，就是近亲交配。一般来说，当能够参与繁殖的成年个体数低于500时，近亲交配的危害就变得明显，开始导致种群数量的下降；当能够繁殖的成年个体数低于50时，情况会变得更加严峻；当这个数量接近10时，近亲交配就会对该种群产生突然而致命的一击。

　　不过，近交衰退（inbreeding depression）并非是小种群不可避免的后果。如果一个种群可以在数量很低的情况下顺利通过瓶颈效应，那么这段时间就起到了消除不良基因的效果，近亲交配的压力就会逐渐减弱，一个非常著名的例子就是非洲猎豹。这种优雅的猫科动物曾一度濒临灭绝，后来又重现其繁荣时的情景，重新在非洲的塞伦盖蒂草原上自由自在地奔驰。

1996年11月，当我们来到弄官山区的时候，这里大大小小的白头叶猴还存活着105只，其中能够参与繁殖的成年个体数只有43只，继续生存下去的机会已经变得十分严峻，但还不至于到了致命一击的程度。那么，它们能否穿越近交衰退的瓶颈？

种群动态研究的核心问题，首先必须通过数量统计来了解。弄官山区白头叶猴种群遗传多样性水平处在很低的状态下，其数量能否穿越生存瓶颈呢？我们的野外研究发现，经过20年的增殖，至2016年6月种群数量已经达到797～841只，但其中能够参与繁殖的成年个体数只有300多只。

弄官山区的白头叶猴能否继续生存下去，取决于这个种群的大小、分布范围、个体的交换水平、随时间的波动幅度、组成种群的个体寿命及繁殖率等。为此，我们必须计算这个小群体的有效繁殖群体的大小和近交衰退的速率，通过计算机模拟技术，对这个种群进行种群生存力分析（Population Viability Analysis，PVA）。

二、有效繁殖群体大小的计算

从1996年11月18日至1997年1月19日的研究记录得知，弄官山区仅存9个白头叶猴组群，其中有6个家庭群共86只个体和3个全雄群的19只个体，总共105只（表7-1）。它们便是如今弄官山区整个白头叶猴种群的名副其实的奠基者。根据当时的研究数据，我们整理出表7-2和图7-1用以描述这个白头叶猴奠基群的种群结构。

表7-1   1996年11月至1997年1月弄官山区白头叶猴数量统计表

组群	组群成员	数量（只）	说明
6个家庭群	成年雄性	6	均属于繁殖期成熟个体
	成年雌性	43	其中6个家庭中各有1只老年雌性属于繁殖后期个体，其余37只个体属于繁殖期成熟个体
	青少年雌性	12	大约有10只很快可以进入繁殖期，属于亚成体
	大黄仔	13	均属于大幼体，雌雄比例约为1:1
	小黄仔	12	均属于小幼体，雌雄比例约为1:1
3个全雄群	成年雄性	3	均属于繁殖后期个体
	未成年雄性	16	属于亚成体及幼体
合计		105	

表7-2   1996年11月至1997年1月弄官山区白头叶猴的种群结构

种群结构	数量（只）	比例（%）
繁殖后期个体	9	8.57
繁殖期成熟个体	43	40.95
亚成体及幼体	53	50.48
合计	105	100.00

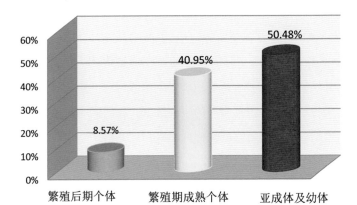

图7-1   1996年11月18日至1997年1月19日弄官山区白头叶猴种群结构图示

从表7-1和表7-2可以直观地看出，这个奠基群中幼体和亚成年个体在1～2年之内便可以到达性成熟，它们与已经能够参与繁殖的个体合计数量占群体的91.43%。但是，对于下一代的遗传结构做贡献的实际繁殖个体的数目，即有效群体大小（effective population size，N_e），N_e通常比一个自然群体中个体总数要小得多。

根据Frankel & Soulé（1981）提出的50/500法则——保护种群遗传多样性的基本原则是：短期内最低有效繁殖群体大小应该不少于50只，衰退率可忍受的极限（ΔF）不得超过1%。即当N_e=50时：

$$\Delta F = \frac{1}{2N_e} = \frac{1}{2 \times 50} = 1\%$$

说明当参与繁殖的个体数为50的种群经过一代以后，其杂合度为初始的99%，即1%为丧失的少量稀有等位基因；当经过10代以后，杂合度为最初的90%。杂合程度的降低，意味着种群遗传多样性在逐代衰退。

例如，对美国西南部荒漠中加拿大盘羊的120个地方种群的研究。其中一些种群跟踪研究了70年，结果表明在50 年内个体少于50只的种群灭绝了，而同一时期个体多于100只的种群活了下来（图7-2）。

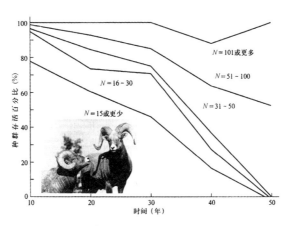

图7-2　针对美国西南部加拿大盘羊120个种群的野外研究证实：个体数量超过50只的种群有机会存活超过50年（Berger，1999）

盘羊研究的例子告诉我们，当种群越小，就越容易受到环境变化和遗传因素的影响。这些影响将可能进一步降低种群大小，使种群趋于灭绝。

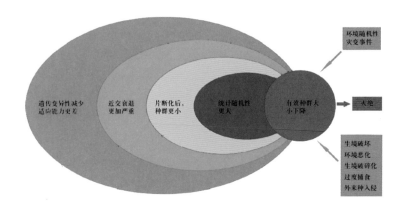

图7-3　当种群衰退到某一阈值，它将陷入一个灭绝漩涡，所有影响小种群衰退的因素将使种群不断变小，从而导致物种局域灭绝（Gilpin and Soulé 1986;Guerrant 1992）

根据分析1996年11月至1997年1月弄官山区白头叶猴奠基群的研究数据表明，这个种群的个体数量为105只，已经超过理论的临界值（$N>100$只）。我们通过6种不同的种群遗传学统计方法推断出其有效繁殖群体大小N_e的平均值为76.33只，它们的近交衰退率ΔF大约为0.651%，也小于临界值（$\Delta F =1$%）；同时由于这个群体中的亚成体和幼体数量占全群的比例为50.48%（表7-2），随着年龄增长，它们也很快加入有效繁殖群体中，因此截至2015年12月，这个种群的数量已经增加至797只个体。根据6种算法逐一推算出这个时期的白头叶猴的有效繁殖群体平均大小和近交衰退速率，并与1997年的数据对照整理成表7-3。从表7-3可以十分明显地看出，随着时间的推移，有效繁殖群体的大小明显增加，近交衰退的速率也逐渐降低。

表7-3　1997年1月与2015年4月弄官山区白头叶猴种群结构、有效繁殖群体及近交衰退速率的对照表

类别	项目描述		1997年1月		2015年4月	
种群结构	种群平均总数量 N_T		105只		797只	
	繁殖后期的老年个体数量 N_O	8.6%	9.030只	6.5%	51.805只	
	参与繁殖的成熟个体数量 N	63.3%	66.465只	32.3%	257.431只	
	幼体和青少年个体数量 N_K	28.1%	29.505只	61.2%	487.764只	
有效繁殖群体大小	算法1：$N_e = N = N_♀ + N_♂$		66.465只		257.431只	
	算法2：$N_e = \dfrac{4N_♀ N_♂}{N_♀ + N_♂}$		46.450只		182.808只	
	算法3：$N_e = \dfrac{8N}{\sigma^2_{k♀} + \sigma^2_{k♂} + 4}$		66.465只		257.431只	
	算法4：$N_e = 2N$		132.930只		514.862只	
	算法5：$N_e = \dfrac{t}{\dfrac{1}{N_1} + \dfrac{1}{N_2} + \cdots + \dfrac{1}{N_t}}$		116.965只		116.965只	
	算法6：$N_e = \dfrac{4N_e L}{6^2_k + 2}$		29.400只		223.160只	
	有效繁殖群体大小平均值		76.330只		258.776只	
近交衰退速率	近交衰退速率：$\Delta F = \dfrac{1}{2N_e}$		0.651%		0.193%	

三、弄官山区白头叶猴种群生存力分析

　　直到1988年12月，白头叶猴仍散布在左江与明江之间的6片喀斯特丛林中，但是仅仅过去15年，当我们再次调查时，白头叶猴便仅幸存在弄官山区和弄禀山区，而弄官山区的面积很小，仅相当于后者的三分之一。而且白头叶猴的数量极少，遗传多样性的水平低，同时弄官山区自然生境遭受破坏也达到空前的强度，盗猎这个物种的事件仍在继续加

剧。2002年，在北京举行的第19届国际灵长类学大会上，专家们不得不把白头叶猴列入全球25种最濒危的灵长动物之一。那么在这种背景下，白头叶猴是否还能够继续生存下去？

种群生存力分析是一种对动物种群动态进行定量分析的研究方法。这种方法一经提出，便得到生物学家积极响应，为濒危物种保护提供了重要的理论依据和研究途径，已成为保护生物学中一项重要的研究内容。

在众多的种群生存力分析软件模型中，我们选择VORTEX模型，它是用灭绝漩涡的"漩涡"命名，是由美国芝加哥动物协会（Chicago Zoological Society）研究开发的。这套系统最早应用在哺乳类和鸟类的种群研究中，用来模拟一个种群典型生命周期。我们具体选择使用VORTEX 9.99c作为白头叶猴种群生存力分析的软件系统。

由于现代科学是建立在实证主义的基础上，因此一个科学结论得以成立就应当有实际例子给予支持，我们在使用VORTEX 9.99c对弄官山区白头叶猴种群的生存力进行分析时分为如下两个步骤：

第一步，以FJC群数量增长的完整记录作为实例，计算出VORTEX 9.99c模拟所需要的如下各项生命参数：

①繁殖系统和繁殖率（reproductive system& reproductive rates）；

②死亡率（mortality rates）；

③种群的扩散（dispersal）；

④环境容纳量（carrying capacity）；

⑤初始种群的数量及年龄分布（initial population size & age distribution）；

⑥灾难预测（catastrophes）。

第二步，以1997年1月弄官山区总共105只个体作为初始种群，将上述各项生命参数代入VORTEX 9.99c，进行了500次模拟实验（图7-4，图7-5）。

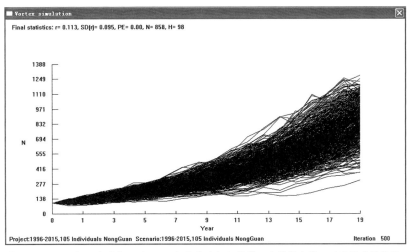

图7-4　以1997年1月弄官山区105只个体作为初始种群，当雌性产第一胎平均年龄设置为6岁时，模拟过去19年的种群动态变化。在500次模拟实验中，这个种群数量从105只增长至858只，灭绝概率为0，存活概率为100%

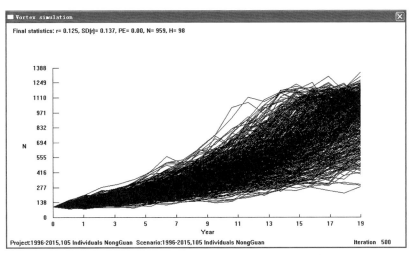

图7-5　以1997年1月弄官山区105只个体作为初始种群，当雌性产第一胎平均年龄设置为5岁时，模拟过去19年的种群动态变化。在500次模拟实验中，这个种群数量从105只增长至959只，灭绝概率为0，存活概率为100%

由模型运行得到了过去19年的弄官山区白头叶猴种群动态结果。至2016年，弄官山区奠基种群的105只白头叶猴个体经过19年发展，这个野生种群的动态变化是：

①属于稳定增长趋势；

②平均内禀增长率r＝$(0.113 \pm 0.0945) \sim (0.125 \pm 0.137)$；

③最终期望的杂合度平均值H＝$(0.9804 \pm 0.0037) \sim (0.9816 \pm 0.0036)$；

④种群灭绝概率为0，存活概率为100%；

⑤在第19年时，该种群平均的种群大小为858~959只。

根据模型通过指数回归分析，计算出VORTEX预测结果与实际统计的种群数量的拟合度为R^2 =0.99792（图7-6，表7-4）。

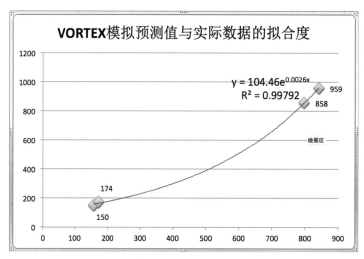

图7-6　VORTEX模型数据与实际统计数据拟合度图示

表7-4　实际统计与预测数据比照表

实际数据（只）	预测数据（只）
158	150
172	174
797	858
841	959

我们继续预测了这个种群的未来：当预设整个弄官山区的自然栖息地13.2平方千米的范围内最多可以容纳1800只白头叶猴时，预计大约在2027年可以达到饱和，并在未来持续保持稳定（图7-7）。从增长趋势来看，从2003年至2021年是这个种群快速恢复和增长的关键时期，也是拯救它们的黄金时期。

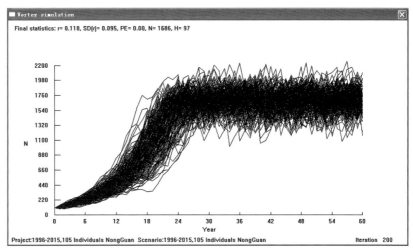

图7-7　以1997年1月弄官山区105只个体作为初始种群，模拟未来60年的种群动态变化

自1996年起至今，我们对弄官山区白头叶猴进行的种群生态学研究和保护生物学研究是一个典型的成功案例。与大部分可以在实验室内完成的预测工作相比，通过对野生种群的持续监测，能够真实地反映野生种群的实际状况，并及时做出有效的判断和实施保护措施。

在计算机高度应用的今天，种群生存力分析的研究方法仍在不断创新和改进。今天，我们用白头叶猴的实例验证了这种模拟技术基本可靠，其持续繁衍壮大的机会通过VORTEX的预测显示：这个种群大约在2025年进入到稳定状态，并可一直维持下去（图7-8），而且虚拟现实技术的方法在未来的保护生物学的预测中必将起到积极的作用。

事实是，纵然计算机程序可以把各种算法、误差尽可能地组装进去，但无论如何，时光不能倒流，20年前残留的105只白头叶猴个体在看似绝望的时空内顽强存活下来，至今仍保持着旺盛的生命力，这是任何计算机程序所不能替代的美好事实（图7-9）。

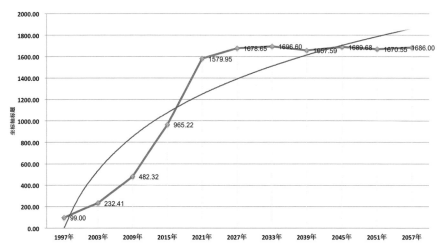

图7-8　1997年至2057年弄官山区野生白头叶猴种群数量增长趋势预测图（预设环境容纳量1800只）

图7-9　白头叶猴，热带丛林的精灵

第八章　野性弄官山

仲夏夜之梦

在绝壁之上下

巨石嶙峋，

还是一片未被

技术文明的咒语污染的

真正的荒野。

弄官山区昔日的荒野已经分化为两个生态系统：所有峰林谷地和大部分峰丛洼地已经被改造成为适合于种植甘蔗的农田；但在绝壁之上，巨石嶙峋，崎岖的石峰一个紧接着一个连绵不绝，那里是一片未被人类征服的荒野，才是弄官山区真正的野地。

从18世纪开始，科学家们都愿意到世界各地，特别是喜欢前往边远的热带地区去寻找并发现各种哺乳动物。但是到20世纪50年代以后，陆地上大型哺乳动物的新发现已经变得越来越少。忽然间，就在20世纪90年代中期，有几位科学家在老挝和越南交界的安南山脉（即长山山脉），一次便发现了4种大型的或稀少的哺乳动物。由于参与这次调查研究的主要科学家是潘文石教授熟悉的朋友，同时因为安南山脉与潘教授在广西西南部的研究地域地貌和气候特征也有些类似，使潘教授对安南山（即长山）的新发现非常关注，其中一种是斑纹兔（Striped hare）；第二种是75磅（1磅≈0.4536千克）重的巨麂（Giant muntjac）；第三种是稍微轻一点的重35磅的赤麂（Muntiacus muntjac）；第四种是这次发现的最举世瞩目的中南大羚（Pseudoryx nghetinhensis），当地语称为"苏拉"，它的体重达200磅，外形像牛，是近50年来第一次发现如此大的哺乳动物。在老挝和越南的狩猎活动和森林急剧消失的情况下，科学家的调查认为，还有几百头苏拉生活在野外。正是受到这种情况的鼓舞，潘教授也格外关注弄官山区的野生世界。

首先潘教授注意到，尽管弄官山区的生境遭受严重破坏，但许多当地农民还能捕捉到野猪。在潘教授获得一具这种野猪的头骨之后，将其形态学的特征与100多年前一位法国科学家发表的一篇关于"越南野猪"的论文进行了细致地比较之后，结果发现漫游在弄官山区的这种野猪就是"越南野猪"。100多年来，由于越南很长一段时间处在战乱的环境之下，再没有人报道关于这种动物的事情，因此越南野猪被认为已经从地球上消失了。突然间，一头又一头被农民猎取的野猪出现在潘教授的眼前，促使潘教授下决心腾出一些时间来研究它。真是"功夫不负有心人"，潘教授终于在2006年春天亲手活捕了2头重20～25千克的这种野猪，一雌一雄，它们还处于幼年期。潘教授聘请一位饲养员来专门饲养这两头野猪；3年后，这两头野猪性成熟了。

它们是"越南野猪"，还是属于中国"北方野猪"的南方种？我们开展了如下这些实验：

第一，在雄性野猪5～7岁时，我们前后让牠分别与产于广西巴马的3只雌性"巴马香猪"进行交配。尽管录像的视频都证明它们的交配行为是成功的，可是都没有生下猪崽。

第二，我们调查了发生在宁明县的一件趣事，一家农民把一头来自野外的雄性野猪与当地土生土长的黑色母猪进行配种，结果却成功地产下一窝带有橙色纵纹的小猪（图8-1）。

a.越南野猪

b.野猪杂交后代——条纹小猪

图8-1　越南野猪及其杂交后代

雌性野猪没有生育就死去了，但雄性野猪至今健在。如果我们能证明它们是法国科学家论文所描述的"越南野猪"，就会是科学的重新发现。

我们之前在弄官山区的石灰岩溶洞中挖掘的生活在这片地区更新世时期的82种古代热带亚洲的哺乳动物化石中，就有在上述安南山发现的前三种动物（斑纹兔、巨鹿和赤麂）化石，我们对寻找至今是否还能残留在弄官山区中的哺乳动物的兴趣就更加强烈了。

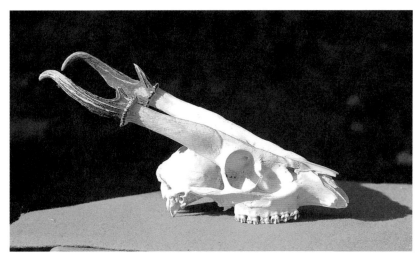

图8-2　巨麂头骨

　　2000年春天，我们从一位猎人的手中购得一只巨麂，因为其皮肉均严重受损，我们便把它制作成为骨骼标本（图8-2）。这个标本的重量与尺寸都与在安南山发现的巨麂相仿，证明这种十分珍稀的动物，一直到新千年还生存在弄官山区的丛林里。

　　1999年夏天，有一位农民告诉我们，在弄官山区的东北部木榄村附近的地下暗河入口处，有人看见一头"白牛"；2005年，又有人告诉我们在弄官山区的客兰水库，有人投放炸药炸鱼，结果有一只白色的"莫南"（音译）被惊吓而浮出水面，其身体大小也有水牛那么大。这两件事又让潘教授回忆起1996年在扶绥弄廪山区听带路的向导说过，他曾经在积水的山弄里看到2只白色、后半身像大猪那样的动物的故事。

　　潘教授于2005年至2008年多次前往大新县很靠近越南的一个小山村，在村里一位从越南来的上门女婿的指引下，终于在一处有着清澈流水和生长着许多水草的地下河出口处，在靠近水稻田的泥土上，发现了几枚形状独特的脚印，它有水牛的蹄印那么大，但其形状却不相同。牛是偶蹄类，其前面两个蹄印十分清楚，而潘教授看到的那些杂乱的蹄印中有几个是有三个分离的尖型的，蹄印引起了他的兴趣。他认为这个动物具体大如水牛的身体，但它却属于奇蹄类，具有三个相互分开来的尖尖形状的蹄印应当是这个动物的后脚趾印，在亚洲现存大型食草类动物中，只有马来貘才具有这样的后脚趾。

貘是一种古老的奇蹄类动物，它们的祖先种在更新世广泛分布于欧亚大陆很多森林湿地的水边，至今马来貘仍然存在于马来半岛和苏门答腊岛一带（图8-3）。从地理气候的特征来看，弄官山区一直属于热带亚洲北部地区。由于喀斯特石山长期以来人烟稀少，也很少被科学家深入研究过，也许在弄官山区古代巨貘真的仍然存在至今，这就是这片荒野的神秘而迷人之处。

当你从空中俯瞰种植甘蔗的农田，到处都是碧绿一片；但当你踏

a.140万年前生活在弄官山区的华南巨貘

b.马来貘现生种

图8-3　貘是一种古老的奇蹄类动物

入蔗田，所感受到的是沉闷的寂静。此地的环境已经改变了，如同1962年海洋生物学家蕾切尔·卡逊在她的《寂静的春天》一书中所描述的那样：使用DDT杀虫剂，在杀灭农业害虫的同时，鸟类也都被毒死了……尽管春天十分美丽，但森林却寂静无声（图8-4）。

蕾切尔·卡逊凭自己的睿智和勇气，在1962年出版了《寂静的春天》，这本书被认为是现代自然环境保护运动的起点

图8-4　蕾切尔·卡逊和她的《寂静的春天》

一、哺乳动物的故事

我们的野外工作站就设在原广州军区一个闲置的营区内，全部面积仅0.7平方千米。我们十几位研究人员22年来一直守望着这片山区，一些假期偶尔从北京来的学生和少量国内外专家学者只是短期访问。至于大型的野生动物，除了非洲及我国西藏还可以见到外，世界的其他地区已经很难存在，但是我们发现我们的营区内仍然维持着一个小型哺乳动物的微缩景象。

白天，我们随时都可以听到赤腹松鼠"嘎！嘎！"的叫声，看到它们在树枝间互相追逐觅食果实，摇动着大尾巴（图8-5）。

图8-5　赤腹松鼠

　　我们设置了一些红外相机，很容易便拍摄到那些在晨昏活动的体型较小的哺乳动物：

　　有"活化石"之称的小而敏捷的动物树鼩（图8-6），它们6500万年前就出现在地球上，至今仍生活在加里曼丹、爪哇、苏门答腊、马来半岛、中南半岛直至我国南方。

图8-6　红外相机下的树鼩

　　豪猪在距今1500万年前就已经出现在地球上，到更新世的冰河时期已广泛分布于欧洲、亚洲和非洲等地。目前弄官山区的石灰岩洞穴中还居住着两种豪猪，其中帚尾豪猪的体型大些（图8-7）。

图8-7　帚尾豪猪走到我们设的红外相机跟前

当夜幕降临时，便可以听到连续两个单音节"呦"的叫声从营区某个寂静的角落传出来；经过短暂的一阵寂静之后，就会有另一个悦耳的"呦"叫声从其他地方发出与之相呼应。我们猜测它们可能是成双成对的2只个体。它们虽然食性很杂，但是最喜欢吃水果，因而被叫作"果子狸"（图8-8）。

图8-8　夜幕中出来觅食的果子狸

"亚洲豹猫"具有十分漂亮的皮毛，主要生活在热带亚洲并向北扩展到我国长江流域。其体型比家猫稍大，但尾巴粗长；全身棕黄的毛色上布满了黑褐色斑点而更显美丽和充满野性。其两眼内外侧各有1条白色纵纹和从前额向头顶往后延伸至颈背的4条黑褐色纵纹成为它们外形的鉴别特征。它们栖居在喀斯特岩壁上的洞穴中或隐秘在浓密的大树上，多数在夜间才外出活动，最喜欢捕食老鼠和各种鸟类。但是，它们贪图方便，几乎每晚都来偷袭我们放养的家鸡。在研究基地内的路面上，很容易看到豹猫把自己的粪便——其中含有很多老鼠毛、羽毛和未被完全消化的小动物的骨片，作为标记物遗留在它们的活动区域之中。

2015年12月中旬，我们注意到FJC大洞下面的泥土地上有不少新踩踏出来的野猫脚印，便在一处石穴的外面设置了一台红外相机，本来只想试试看，但科学就是这样，常常是运气比精心策划更为重要。我们竟于2016年意外地拍摄到一只颜色浅斑纹细致的雌性亚洲豹猫，我们把她叫作"小咪"。在随后的拍摄记录中，发现她依靠自己的智慧、忍耐和适应力而成为生存竞争中的胜利者。"小咪"的成功在于发生过一次再正常不过的事件上：2016年1月20日，有一只颜色深并且斑纹粗狂的雄性亚洲豹猫来到"小咪"这个秘密的巢穴旁边；3天之后公猫离开了；但是"小咪"坚守自己的巢穴，这里是她的庇护所，背靠巨大的石壁，面对东南方向，可以避免寒冷雨水的侵袭，又能享受冬日的暖阳。有个十分重要的情节，不知"小咪"是否知道，就是因为她把巢穴安在我们研究工作的核心地区，在这里她不单可以自由自在地到处徜徉，捕捉老鼠、小鸟、松鼠，可以偷盗我们养来下蛋的母鸡，还可以避免落入猎人的捕兽器而遭遇灭顶之灾。

　　3个月后，我们拍摄到"小咪"叼着2只小宝宝（图8-9）。不久，"小咪"带着宝宝离开了自己的巢穴。

a. 豹猫"小咪"

b. "小咪"的萌宝

图8-9 亚洲豹猫"小咪"和她的宝宝

　　弄官山区峰丛和峰林地貌的石山上是人类未能征服的荒原，居住在这片荒原的代表就是白头叶猴，它们闪烁着黑白的毛发和公猴"啊儿！啊儿！"的呼声，使它们在野地里迅速而准确地被辨认出来（图8-10）。由于自远古以来就和左江壮族人民生活在一起，有关它们动人的故事早已经成为人类与白头叶猴和睦共存文化的组成部分。

图8-10　石峰上的白头叶猴

　　每年11月至翌年4月是人们砍甘蔗的季节，每当晨昏时光，就会有一只金钱豹来到营区研究基地周围。有一次它就在距离我们不到10米的地方，旁若无人地走在路上，竟把我们身边的一只狼狗吓得瑟瑟发抖，瘫坐在地上，不但不敢叫出声来，似乎连气都不敢喘。直到金钱豹走远之后，我们才发现就在狼狗瘫坐的地上留有很多狗尿。

　　160万年前，弄官山区生活着剑齿虎，尽管已经灭绝，但它留在喀斯特石山溶洞中的化石（图8-11）告诉了我们它曾经的故事。而在30多年前，我们野外研究基地周围还有老虎出没，它们曾经是热带季雨林的顶级动物，必须生存在一个具有丰富物种的动物群落中间，后来老虎随着森林的消失也消失了。现在，金钱豹成为弄官山区的顶级掠食者，它们能够通吃这里所有的动物，从野猪、叶猴、原鸡到老鼠，甚至连昆虫也吃。我们发现，有只金钱豹经常在夜间蹲伏在我们羊圈跟前，寻找偷袭的机会，幸好羊圈的门栏十分结实才使其不能得逞；但不久这只金钱豹就去伏击距离我们研究基地仅1千米远的另一个羊圈，拖走了农民的一只肥羊，先将其咬死在收割后的甘蔗地里，再吃掉这只羊的一边大腿肉，剩余部分便藏在附近尚未收割的甘蔗园中。

图8-11　剑齿虎头骨化石

　　还有什么地方可以像弄官山区这样，可以让你遇上一只金钱豹、一群白头叶猴和一群越南野猪呢？与它们同时代的那些巨型野兽，如熊猫、象、犀牛、巨貘和巨羊等已经销声匿迹，它们的尸骨已经成为化石埋在地下，它们的后代也早已远走他乡了，唯有金钱豹、白头叶猴、野猪和更多小型的哺乳动物至今仍栖居在弄官山区的石山之中，给当代人留下一个远古年代的微缩世界。

二、 爬行动物与两栖动物

我们野外研究基地所在的营区范围还维持着一种相对稳定而丰富的生态系统，多种蛇类都可以在其生物群落中找到适宜的生态位，除了世界上所有毒蛇中最大的毒蛇——眼镜王蛇之外，还有眼镜蛇、绿瘦蛇、过树蛇、紫砂蛇、蟒蛇、渔游蛇、银环蛇等有毒或无毒的蛇类（图8-12a～e）。由于蛇类没有外耳道和中耳，其鼓膜中耳腔及耳咽管均已退化，因此不能接受空气传递的声波；但它们的听小骨仍存在，可以迅速接受地面振动而产生听觉。

在这里，土壤中还生活着世界上最小的蛇——盲蛇（图8-12f），其俗名铁线蛇或土鳝。它的身长仅10多厘米，形似蚯蚓，由于眼睛已经退化，故称为盲蛇。这是一种较原始的蛇类，其后肢残留一些遗迹，有些地方与蜥蜴相像。

a.眼镜王蛇

b.绿瘦蛇

c.过树蛇

d.紫砂蛇

e.渔游蛇

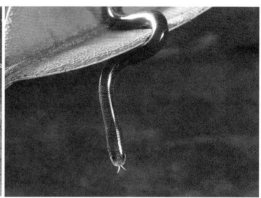
f.盲蛇

图8-12　研究基地里的部分蛇类

　　这里的蛇多，也意味着它们主要的食物——两栖动物数量庞大。

　　两栖类（Amphibian）的名称来自希腊文，意为"双重生活"。化石证据记录了两栖类比哺乳动物、鸟类和恐龙更早在地球上出现：4亿年前它们最早的祖先从水中爬上陆地的，到2亿年前从两栖类的原始祖先演化出蛙和蟾蜍。

　　两栖类主要的呼吸器官是它们的皮肤，由于它们必须生存在水中进行氧与二氧化碳的交换，因此农业发展使用大量农药导致陆地和稻田被污染，两栖类便成为生物圈中最容易遭受损害的动物，20世纪80年代以后，全世界两栖类的数量急剧下降，弄官山区的情况也一样。由于营区内始终禁止使用农药和化肥，因此蛙类和蟾蜍类依旧得以生存繁衍（图8-13）。

　　初夏，一场滂沱大雨之后，整个基地就像在举行一场音乐盛典，或是"哀鸣"，或是"颤音"，亦或是清脆的"对唱"，十多种蛙和蟾蜍都会聚集到它们的"求偶场"——池塘和水坑，夜以继日地把全部的狂热都汇集成了自然界最壮观的声音。过了大约一周之后，池塘里就已经被黑压压一大片蝌蚪覆盖（图8-14）。

a. 华南雨蛙

b. 黑眶蟾蜍

c. 虎纹蛙

d. 花姬蛙

e. 狭口蛙

f. 斑腿树蛙

图8-13　研究基地里的蛙和蟾蜍

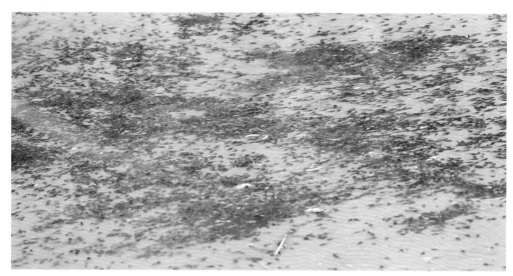

图8-14　池塘里的蝌蚪

三、蝶彩斑斓

　　蝶类是恐龙时代的动物，自中生代白垩纪（1.4亿～6500万年前）由当时的低等蝶类进化来的这种美丽的生命，在地球上分布极广，特别是在热带和亚热带地区最多。主要原因为植物的叶、茎、果实、花蜜等都可作为蝴蝶的食物，而作为回报蝴蝶又帮助植物传授花粉；但不同种类的蝴蝶会选择不同的植物为食。热带和亚热带有许多独特的植物类型，它们成为众多蝴蝶生存最重要的物质基础。

　　研究基地0.7平方千米范围里搜集到70多种蝴蝶，隶属于10个科，在科一级水平上占全国蝴蝶12个科中的83.3%，丰富的蝶类多样性也反映了这片自然生境中植物种类的多样性（图8-15）。

　　阳光下，蝴蝶以其艳丽的色彩和多姿的飞舞引人注目，并且一年四季它们在这里都可以由"卵→幼虫→蛹→成虫"进行羽化，使我们在任何时候都可见这种美丽的生命在花丛中飞舞。

a.蓝凤蝶

b.白带黛眼蝶

c.燕凤蝶

d.红珠凤蝶

e.达摩凤蝶

f.报喜斑粉蝶

图8-15　研究基地里的蝴蝶

四、鸟与植物

数百年来，人们对鸟类的兴趣一直十分强烈，对它们的了解和研究也多于其他脊椎动物。

（一）曾经的灾难——"渡渡鸟与颅榄树"的故事

毛里求斯是印度洋上的一个岛屿，岛上曾经生长着世界上独一无二的高大乔木颅榄树（*Sideroxylon grandiforum*），树高可达100英尺（1英尺≈0.3048米），树的胸围14英尺，木质坚硬细密而名冠全球；300年前曾遍布毛里求斯全岛的颅榄树今日却已寥寥无几，并且所剩的几棵大颅榄树都是百年以上的老树。1982年，美国威斯康星大学动物学教授斯坦雷·坦布尔前往毛里求斯研究发现，幸存的大颅榄树均有300年以上的树龄，这与渡渡鸟（*Raphus cucullatus*）的灭绝时间相符。坦布尔教授推断：300年前那些大颅榄树的果实从树上掉落之后，便被当时的渡渡鸟吞食，在经过渡渡鸟的消化道后，其可以消化的果肉被利用了，而坚硬的果核外层则被渡渡鸟的胃磨薄了一些；所以这些经过渡渡鸟排泄出来的果核才能够发芽。

可是，在1699年，当最后一只渡渡鸟被欧洲的殖民者消灭之后，颅榄树的果核就再无法萌发了（图8-16）。

a.渡渡鸟　　　　　　　　　　　　　　　　b.颅榄树

图8-16　渡渡鸟与颅榄树

1996年至2017年，我们在研究基地内记录到的鸟类超过170种。在一个不到1平方千米的石山丛林中，遇见到的鸟类种数竟超过全球鸟类种总数的13%。

下面是我们在这里的有趣发现——崇左的"渡渡鸟与颅榄树"共生的故事。

（二）"朱背啄花鸟与广寄生"共生的故事

从2014年3月至2016年2月，我们在野外跟踪拍摄揭示了朱背啄花鸟与寄生在构树上的一种植物——广寄生之间的秘密。

在弄官山区有一种植物——广寄生。它把自己的根须扎进宿主树的树皮中，窃取糖分，用以生长自己的枝叶和开花结果。但是广寄生如何寻找到自己的新宿主进行繁衍呢？这个过程是从它的花开始的。

第一步，每年深秋，广寄生开始开花，在其小喇叭状的花的底部贮备了蜜糖，用来"贿赂"那些长有细长且弯曲的喙的小鸟。

我们研究基地四周接受花蜜"贿赂"的小鸟有黄腹花蜜鸟、黄腰太阳鸟、叉尾太阳鸟和朱背啄花鸟。它们羽毛艳丽，体长8～10厘米，体重在8克左右，飞速极快，犹如一枚一枚彩色的飞弹在树林间穿梭。它们以广寄生的花蜜为生，把舌头伸进花蕊里，以虹吸的方式吸入花蜜；它们常常为防御领域免遭侵占而进行争斗。与此同时，广寄生的花粉也被小鸟的喙和羽毛从一朵花拂扫到另一朵花而完成授粉的过程（图8-17）。然而至此，广寄生的寄生任务只完成了第一步。

a.黄腹花蜜鸟（♂）

b. 黄腹花蜜鸟（♀）

c.朱背啄花鸟（♂）

d.暗绿绣眼

图8-17　小鸟吸食广寄生花蜜并完成授粉工作

　　第二步，广寄生必须引诱朱背啄花鸟前来吞食它的浆果。

　　对于广寄生来说，如果这些浆果通过小鸟的消化道之后被抛弃到地上便毫无用处；如果这些浆果在通过小鸟的消化道而果皮被消化之后，当种子被小鸟当粪便排出时，在种子上面还留下一些黏液不容易被摆脱，朱背啄花鸟就必须想办法把这些黏着纤维的种子"种植到树枝上"。广寄生最终的目标就是把种子放置到妥当的位置上。

　　接下来所发生的情况，便由研究者记录这种广寄生植物的种子萌发、生根、开花、结果的全部生涯（图8-18）。

2014 年 3 月 17 日

14:27~14:31　一只飞落到广寄生上的雌性朱背啄花鸟吞食了 4 颗广寄生的浆果。

14:37　这只朱背啄花鸟从她的消化道排出了 4 颗没有果皮和果肉的黄色果核，果核表面被一层黏液包裹着，并相互连接成为一串"念珠"；紧接着她便把这串"果核念珠"涂抹在构树的枝干上。

a. 朱背啄花鸟（♀）吞食广寄生浆果　　　　b. 朱背啄花鸟（♀）排出"果核念珠"

c. 朱背啄花鸟（♀）把"果核念珠"涂抹在构树的枝干上

d. 朱背啄花鸟（♀）帮助广寄生播下很多的"果核念珠"种子

图8-18　朱背啄花鸟帮助广寄生播下种子

此后，我们每天观察悬挂在构树枝干上的这串"果核念珠"，终于在4月末，看到了变化（图8-19）：

2014 年 4 月 29 日

被涂抹在构树枝干上的广寄生的种子（果核）已经萌发并长出 2 片叶子；另有一些或因湿度不够，或因没有得到构树枝干营养的种子则全部干枯掉落了。

2014 年 6 月 1 日

广寄生小苗的叶片已经悄悄地增加并长大了。

2014 年 10 月 20 日

构树上今年新萌发的所有广寄生小苗已经显著长高，普遍超过了20 厘米；它们的根已经深深扎入构树树皮之中，推测它们的养分一部分从宿主构树身上取得，另一部分可以通过自身叶绿体进行合成。

a.广寄生种子发芽（2014年4月29日）　　　　b.广寄生小苗长度超过20厘米（2014年10月20日）

c.2年后发展起来的广寄生丛

图8-19　广寄生生长过程

一年之后的野外记录如下。

2015 年 3 月 10 日

前一年萌发的小苗已经在构树的枝头上茁壮生长，发育成一丛又一丛茂盛的广寄生植株。

2015 年 9 月 20 日

新长成的广寄生的枝条相互缠绕在一起，形成了自己更密集的植株。

2015 年 10 月 28 日至 2016 年 2 月 9 日

深秋季节，广寄生的花儿散发出花蜜的香甜招引来更多吸食花蜜的花蜜鸟和太阳鸟，不少暗绿绣眼鸟、红耳鹎也加入进来，甚至白头叶猴也会采食广寄生的浆果和叶子。鸟儿得到食物的同时，又帮助了广寄生完成新一轮的繁育过程。各种生命必须相互依存才能存活下去。

五、"偏利共生"的混合鸟群

每年从11月到翌年3月，我们都可以在研究基地内看到两种以上不同种的小型食虫鸟类混合在一起活动；它们组织松散，在一起进行短期活动，一小时或几小时之后就散开；其组成成员常常变换。我们把这种临时集结超过两种或更多种鸟种的现象称为"混合聚群"，有别于由单一鸟种集结的"单纯聚群"（图8-20）。

混合聚群的活动对群中一种（或一些）参与的物种有益，而对另一种（或一些）参与的物种既无益又无害，这种共生关系就是"偏利共生"。下面这段野外观察日记记录了在研究基地林间一次"小型食虫鸟混合聚群"典型活动的情况。

图8-20　单纯聚群的黑〔短脚〕鹎

2018 年 1 月 15 日

09:45　一阵阵树叶、草叶抖动的声音伴随着柔美的"啾啾"声传来，接着就有一队混合鸟群由北向南从不远处移动过来，在树丛中上下跳动着边移动边觅食。其中：灰眶雀鹛（图 8-21a）11 只，是这个混合鸟群中数量最多的一种；离地面草丛最近的是红头穗鹛（图 8-21b），它们在斑茅的枯叶缝中觅食，统计到 8 只；还有 6 只白腹凤鹛（图 8-21c）边跳动觅食边鸣叫。

09:56　5 只身披蓝色羽毛的蓝翅希鹛（图 8-21d）在乔木和灌木间移动；2 只在鳄梨树的枯叶卷里觅食的纹胸巨鹛（图 8-21e）飞过来，双双落在眼前的树枝上；1 只棕颈钩嘴鹛（图 8-21f）从斑茅跳到一根枯树桩上。

09:59　1 只冕柳莺（图 8-21g）捕到了 1 只虫子停在树干上啄食，2 只极北柳莺（图 8-21h）随着混合鸟群在树枝和藤蔓间移动觅食。

10:15　2 只白喉扇尾鹟（图 8-21i）从一棵灌木跳到杧果树干上，一会儿把尾羽翘起张开后放下，一直跟着混合鸟群不停地在树枝上下跳动。

10:20　混合鸟群移动到球场东面的灌丛，2 只方尾鹟（图 8-21j）在高大的杧果树枝上展开了一下尾扇；1 只金头缝叶莺（图 8-21k）则飞落在矮小的杧果树枝上；2 只相互追逐的雄性黄腰太阳鸟（图 8-21l）刚飞进鸟群，在树丛中跳来跳去，半身红色的羽毛在鸟群中间格外醒目。

10:32　混合鸟群慢慢各自分散开了。

a.灰眶雀鹛

b.红头穗鹛

c.白腹凤鹛

d.蓝翅希鹛

e.纹胸巨鹛

f.棕颈钩嘴鹛

g.冕柳莺

h.极北柳莺

i. 白喉扇尾鹟

j. 方尾鹟

k. 金头缝叶莺

l.黄腰太阳鸟

图8-21　"偏利共生"的混合鸟群

我们根据这个混合聚群记录到的12个鸟种的习性和数量进行分类。

（一）第一类：核心鸟种

混合聚群中有两种核心鸟种，占第一位的最重要鸟种是灰眶雀鹛，它们具有自我维持在一起的社会行为；当它们独自活动的时候结群紧密，内聚力由起伏拖长的尖叫声来保持联络。由于它们的天性十分活跃，不安静地跳跃与连续的叫声，使它们成为这个"混群"的核心而吸引其他小型食虫鸟种。

数量占第二位和第三位的分别是红头穗鹛和白腹凤鹛，它们都是性情活泼的小鸟，经常结小群活动于树冠的中低层。

蓝翅希鹛占第四位，它们鸣叫的习性大大增加了混合聚群的吸引力。

如果把这4种食虫小鸟加在一起共30只，占全体数量（42只）的71.4%；同时，它们全都是常驻弄官山区的留鸟，它们成为这个鸟群的核心，自有其先天相互适应与合作的基础。

（二）第二类：附属鸟种

附属鸟种差不多都是一些单独活动的小型食虫鸟或是在冬季迁移期间由北方或高海拔的青藏高原迁徙过来的，数量很少，当它们出现在核心鸟群活动区域的边缘时，常常被核心鸟群生气勃勃的运动或高声鸣叫吸引而加入混合聚群之中，如纹胸巨鹛和金头缝叶莺；而柳莺、棕颈钩嘴鹛和黄腰太阳鸟则属于被临时裹挟进来的。

在这个混合聚群中，我们可以把灰眶雀鹛和红头穗鹛看成是这个临时混种社会的宿主，而把金头缝叶莺和方尾鹟（从头至尾仅9厘米）看作是这个混种社会的寄主。由于寄主的存在对宿主既不产生害处，也不带来好处，因此它们之间的关系具有"偏利共生"的性质。但是这种"偏利"使金头缝叶莺和方尾鹟受益，当它们参与混种鸟群活动时，可以提高觅食的效率和增加逃避凶恶捕食鸟的机会。

　　弄官山区小型食虫鸟的种类十分丰富，"偏利共生"的生态学关系提高了小鸟们的成活率，提高了它们的总体适合度，从而也增强了弄官山区生态系统的稳定性。

六、"专性巢寄生"的杜鹃

　　每年4月，当八声杜鹃、四声杜鹃和棕腹杜鹃的雄鸟的歌声在弄官山区的空中飘荡的时候，春天就真的到来了（图8-22）。仲春之后，噪鹃则用大声、凄厉和刺耳的声调，在浓密的树冠下，日以继夜像魔鬼似地叫唤着"狗娃"加入弄官山春夏两季杜鹃的大合唱中。

　　杜鹃都是自己不营巢的鸟儿，它们把卵产到其他鸟儿的巢窝里，因此，孵化和哺育下一代的工作就由巢窝的主人在不知情的状况下帮它们完成了。它们这样做自然就破坏了其他鸟儿正常的生活。

　　2016 年 4 月 3 日

　　我的一位研究助手梁祖红正站在野外工作站的树荫下观察一只大山雀是如何拔除毛毛虫身上毒刺的时候，忽然，一只八声杜鹃飞了过来停到她前方 8~9 米远的构树上的一丛广寄生旁，当杜鹃停落下时，大山雀立刻飞走了。八声杜鹃在广寄生枝叶间跳动了几下，一会儿它转过身来的时候，喙上也叼着一只大毛毛虫。

　　我走到旁边，也看到了那只杜鹃，说道："我从未这么近看到过它们。"

　　就在这时，在距离我们约 50 米外响起了"嘀！嘀！嘀！嘀！……"一连 8 声的鸣唱。

　　"这是只雄鸟。"小梁一边拍摄录像一边轻声说道。我再仔细地观察站立在前面树枝上的这只叼着大毛毛虫的杜鹃，它竟不动声色，安静地站在那里。

　　随后，一只亚成年的八声杜鹃飞过来，落在这只雄性八声杜鹃5米开外的枝头上，然后张开嘴不停地鸣叫，尽管叫声稚嫩，但每次张嘴，里面的血红色醒目却吓人。终于亲身领略了"杜鹃啼血"的传说。

a.八声杜鹃（成鸟）

b.八声杜鹃（亚成鸟）

图8-22　八声杜鹃

2017 年 5 月 8 日

　　小梁又在先前拍摄过八声杜鹃的地方拍摄到一只棕腹杜鹃（图8-23）。这两种杜鹃的体型大小和羽毛颜色都十分相像，但鸣声却迥然不同。前者每一次鸣唱共有 8 个简单的音节，先有 3 个轻长的单声，再紧接着 5 个短促的单声，成为"嘀！嘀！嘀！……"一连串声音；后者的鸣声十分独特，仅有一个清亮的单叫，听起来不像是鸟鸣，更像一只鹧鸪在发情时一次接一次"啾，啾"呼唤。这两种杜鹃以极快的速度在树林间穿梭，但当鸣唱时都站在浓密的树冠之下的枝干上。至于噪鹃，只能听其声而很难见其身，它们藏在营区中最浓密的树冠下，日以继夜地以两个音节——"狗娃"呼唤着自己"孩子"的名字，有人说它们是"鬼"，在野地里造成一种神秘诡异的气氛。

图8-23　棕腹杜鹃

2018 年 4 月 2 日

黎明前，有只雄性四声杜鹃以令人振奋的声音在黑暗的天空中边飞边叫唤——"布谷，布谷"。人们都喜爱这种鸟儿，那 4 声连续的"咕咕咕咕！"叫声非常欢快，充满活力和激情。在我国北方地区，每当春天农民俯身在田间插秧的时候，四声杜鹃就会在他们头上盘旋，不停地呼唤着"布谷布谷，光棍好苦！"

连续几天，熟悉响亮的"布谷，布谷"叫声在研究基地周围回响，根据叫声的位置，我们认为它有三四处比较固定的地点稍作停留。我们猜测，它在圈定自己的领域，同时也在回答雌性的呼唤。

2018 年 5 月 13 日

还是很巧，两只四声杜鹃一前一后飞落到了之前拍摄过八声杜鹃和棕腹杜鹃的小树林相距不远的枝头上。不一会，先听到了熟悉的"布谷，布谷"叫声，接着又听到另一种不同的声音回应，认真观察才知道，原来四声杜鹃的雌、雄外形和叫声不同（图 8-24）。

之后连续半个多月，它们几乎每天都到这个小树林一两次，它们是来检查或等候什么吗？它们的叫声除了与对方联络，还有什么别的意义呢？

每种杜鹃都各自把卵专门产在不同的小鸟窝里而形成"专性巢寄生"，这是它们的生殖策略。围绕这个策略的每个阶段，杜鹃都在行为学上表现适应的印记：首先，因为杜鹃的数量稀少，需要通过大喊大叫来显示自己的存在；其次，我们认为简单的音节则基于这样的事实，在宿主父母巢窝中受到照料并逐渐长大的杜鹃雏鸟，需要在远距离的地方听取亲生父母的声音。因此，所有杜鹃的歌声都必须单调大声且不断重复，才能被子代听到和记取。

杜鹃们在其他方面也演化出具有适应意义的形态学特征：四声杜鹃的体型和在繁殖季节的飞翔姿态很像某种雀鹰；八声杜鹃和棕腹杜鹃站在树枝上的样子及身体羽毛的花纹也很像一只赤腹鹰。它们这些特征可以威胁和吓跑其领域内的其他雀形目小鸟，为自己子代的养父母留下更多的昆虫，以确保雏鸟有充足的食物供应。

a.四声杜鹃（♂）　　　　　　　　　　b.四声杜鹃（♀）

图8-24　四声杜鹃

　　杜鹃的宿主鸟为什么不会被那些专性巢寄生的寄主杜鹃的形态和行为吓跑呢？我们试用基因的语言来论述其原因或许可以明白一些。可能由于宿主鸟在长期进化过程中已经适应了其专性寄主杜鹃的大喊大叫，并且已经熟悉这些专性寄主形态学上的特征。在此基础上，那些宿主鸟凡是对其专性寄主杜鹃看似"有威胁的行为"能做出积极的响应者，不单能够把额外的食物（因为赶走了其他食虫鸟）喂给小雏鸟，也能养活更多同样的宿主鸟（未被杜鹃寄生）的后代，从而各自提高了这个物种后代的成活率，即种群的总体适合度。

　　进化的结果是，能大喊大叫的寄主基因和能接受大喊大叫的宿主基因在各自的基因库中的数量逐渐增加。这就是每年从春天开始直到秋天来临才结束的杜鹃们那凝重和清婉的歌声在弄官山区上空飘荡的缘故。

　　弄官山区的春天孕育着生命与希望（图8-25）。

a.红耳鹎

b.长尾缝叶莺

c.暗绿绣眼

d.黑冠鹃幼鸟

图8-25 弄官山区新的生命和新的希望

第九章

白头叶猴保护遗传学研究的意义

我们一定要用共同的努力和智慧，

来保障白头叶猴的光明前途。

祈求它们能在左江与明江之间的葱茏石山之中

永驻于世。

白头叶猴曾经有过黄金时代。600年前，明代文学家夏言在诗中描述了当时白头叶猴的盛况："凤凰山势入龙州，屈曲明江绕郡流。莫听啼猿惊绝域，伏波铜柱壮千秋。"到19世纪中叶，清代崇善县的壮族诗人谢兰在其《丽江竹枝词八首》中也描述过当时宁明县的山光水色："明江地势接龙州，二水分来合一流。晓听啼猿惊绝域，伏波铜柱壮千秋。"他们的诗句让我们了解到从15世纪至19世纪长达400多年中，这个物种在左江南岸的生存状况。我们估计当时这个物种在其自然栖息地中的数量为1万～1.5万只。

然而，从20世纪50年代中期开始至20世纪末期的短短50年间，由于人类毁灭性地森林砍伐和疯狂地猎杀，把它们推向灭绝的边缘。今天，白头叶猴仅散布在崇左市江州区的弄官山区和扶绥县弄廪山区的九重山与岵遵地区。白头叶猴现在生活在相互隔离的喀斯特石山上，四周被农田和公路所包围；被分隔开来的每个地方性小群体，在2000年以前，它们数量估计只有50～150只。尽管在每处石山上仍有不少植物可供它们食用，但是一个物种不仅需要有正常的栖息地和伴侣，更重要的是种群还要大到一定程度才能承受得起恶劣的环境和可能随时出现的某种自然灾害以及基因频率改变而引起的动乱。关于白头叶猴的生存状况，令人担心的问题是，它们是否已经存在基因多样性贫乏。

2009年，姚蒙从美国回来并入职北京大学，成为生命科学学院从事分子生物学研究的最年轻的研究员。她带领两位正在北京大学攻读博士学位的学生来到我们的野外研究基地，希望能为白头叶猴的遗传学问题做一些研究。

这是一个很好的主意，但问题是如何取得生活在野地里的白头叶猴的DNA。

一、非损伤性取样

通常，对动物进行DNA研究的取样方法有两种：第一种是伤害性或创伤性取样方法；第二种是非损伤性取样方法。对于濒危物种来说，我们不采用第一种方法，而强调采用非损伤性取样的方法。

我们在白头叶猴的自然分布区中使用如下两种方法收集白头叶猴DNA样品。

（一）白头叶猴的毛发样品

我们在白头叶猴移动的路上设置"毛发陷阱"装置，如毛刷或粘板等来获取它们的毛发。

（二）白头叶猴的粪便样品

这是我们最主要的取样方法。烈日之下，潘文石教授温和却又刻意地对姚蒙和她的学生说："面对艰难的野外工作，你们都是'菜鸟'。你们需要在被日头炙烤的土地上钻进闷热的丛林中，从一个又一个的石山脚下去寻找白头叶猴排泄的新鲜粪便。要记住，这里是北热带季雨林，它滋养着茂密的丛林、蚊子和各种毒虫；最最危险的是，此处还生活着全球最大的眼镜王蛇（图9-1），它们6米长的身躯常常盘踞在白头叶猴居住的悬崖之下……"

图9-1 眼镜王蛇

白头叶猴吃进去的树叶从消化道通过时会刮下一些消化道内壁的细胞，这些细胞与粪便一同排出体外，粪便中的DNA就是来自这些脱落的消化道细胞。野生动物的粪便在野外暴露于空气中受到日光、潮湿、微生物等因素的影响，会造成动物DNA的快速降解。我们在收集粪便时，一方面尽可能获取新鲜样品，另一方面必须采用正确的保存方法，如用酒精浸存和冷冻保存等。

二、 现存白头叶猴核DNA微卫星数据分析、遗传多样性和种群结构

我们需要对野外采集的样品进行处理，然后进一步分析。

（一）样品采集及处理

2011年至2015年，姚蒙的工作小组在有经验的野外向导的协助下，对分布于弄官山区（包括公路南北两个片区）和扶绥的弄廪山区（包括九重山和咘遵两个片区）（图9-2）的白头叶猴种群进行了广泛的非损伤性取样（图9-3），分别获得18个弄官山区和21个弄廪山区共39个白头叶猴家庭群的402份粪便样品（表9-1）。取样范围涵盖了90%的现生白头叶猴野外种群，取样家庭群占弄官山区和弄廪山区全部已知家庭群的37%。采样中注意采集新鲜、独立、彼此相距较远的粪便，以保证DNA质量并减少相互污染。

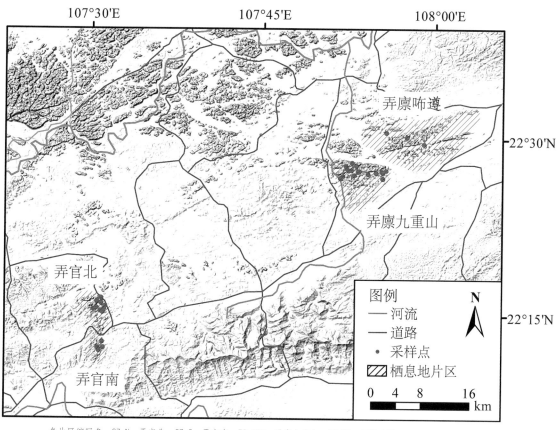

各片区缩写名：CZ-N，弄官北；CZ-S，弄官南；FS-JCS，弄廪九重山；FS-BZ，弄廪岽遵

图9-2 白头叶猴主要分布区和本研究采样区域

a.野外采集样品工作

b.样品处理

图9-3 非损伤性取样

从野外采集的402份粪便DNA样品中得到214个独立基因型（表9-1），代表了全部样品中的不同白头叶猴个体数，进行后续遗传分析。

表9-1　白头叶猴粪便样品采集和个体识别结果汇总

采样地点		时间	粪便样品数	独立个体数	家庭群数
弄廪 （FS）	九重山（JCS）	2012.01	15	119	18
		2013.01	201		
	咘遵（BZ）	2013.01	29	12	3
弄官 （CZ）	弄官北 （CZ-N）	2012.01	71	67	14
		2013.01	27		
		2014.04	34		
	弄官南 （CZ-S）	2013.01	13	16	4
		2014.04	12		
总计			402	214	39

（二）微卫星位点数据进行重复个体排除

我们从白头叶猴毛发提取的基因组中共筛选出20个符合种群遗传学分析要求的多态性微卫星位点，所用方法为快速筛选AFLP序列中的微卫星（FIASCO）。这些位点在粪便DNA样本中扩增效率高，出现等位基因丢失和错误扩增的比例很低，整体基因型数据可靠性高。我们利用GENALEX软件根据微卫星基因型数据计算其中多态性信息，含量最高的4个位点累积个体排除概率小于0.001（即表现为同样基因型的样品有大于99.9%的可能是来自同一个体），5个位点达到小于0.0001；6个位点亲缘个体排除概率小于0.01（即表现为同样基因型的样品在存在亲缘关系的情况下有大于99%的可能是来自同一个体），10个位点达到亲缘个体排除概率小于0.001，可以充分满足种群及个体水平上遗传研究的需要。

　　然后，对弄官山区和弄廪山区种群的5个微卫星位点进行了比较，结果显示弄官山区和弄廪山区白头叶猴种群在很多位点都存在各自独特的等位基因（图9-4）。

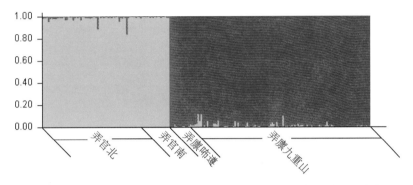

每个纵向窄条代表一个个体，颜色的比例代表该个体的遗传构成被分配到每个遗传种群的概率
图9-4　基于214个个体微卫星数据的聚类分析结果

　　由图9-4可见，来自弄官山区（绿色）的白头叶猴和弄廪山区（红色）的白头叶猴，个体清晰地分成两个遗传种群，两个种群间的个体遗传混杂程度很低，显示出较强的遗传分化；而弄官山区的白头叶猴种群和弄廪山区的白头叶猴种群各自内部未显示明显分化。

（三）个体网络图分析

　　个体网络图（neighbor-net）是在进化树的基础上发展起来的一种显示类群间进化关系的方法，一般基于遗传距离构建网络图。我们采用Nei标准遗传距离对214个个体进行网络图分析（图9-5），结果显示：

　　①来自弄官山区的白头叶猴种群（右侧）和弄廪山区的白头叶猴种群（左侧）的个体各自聚集成簇，之间没有混合。

　　②弄官山区白头叶猴南、北种群的个体内部相互混合；弄廪山区的九重山、咘遵的白头叶猴个体内部也彼此混合。这两个种群内部不存在

显著的遗传差异，也就是说不存在显著的亚种群的分化。

③弄官山区的白头叶猴种群和弄廪山区的白头叶猴种群已经出现了明显的遗传分化。

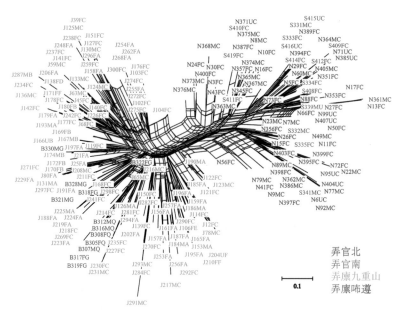

不同颜色的编号代表来自不同栖息地的样品，样品间线的长度表示遗传距离远近

图9-5　基于214个个体微卫星数据的网络图

（四）基因地理信息分析

在景观遗传学中常用基因地理分析方法来进行种群结构分析。

姚蒙研究小组把采集到的214个白头叶猴个体的基因信息与每个个体结合起来进行聚类分析，结果显示最有可能构成3个遗传种群，分别对应于地理上的弄官山区白头叶猴种群、弄廪山区九重山白头叶猴种群和弄廪山区岬遵白头叶猴种群（图9-6）。

图9-6所显示的基因地理信息，表明弄官山区白头叶猴种群和弄廪山区白头叶猴种群之间在核基因（微卫星）水平上有了明显的遗传分化。很可能由于栖息地片段化、较远的地理距离和频繁人为活动干扰而

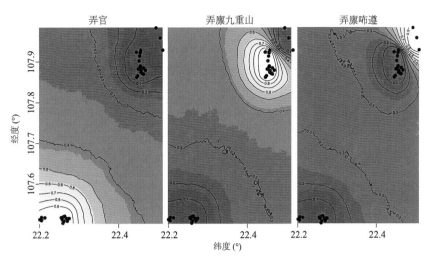

划分为弄官山区、弄廪山区九重山和弄廪山区咘遵3个遗传种群，与地理种
群相对应。图中颜色越浅表示个体属于该遗传种群的可能性越大

图9-6　基于214个个体微卫星数据的基因地理分析结果

导致上述两个种群在近期难以进行有效的个体迁移和基因交流。不过，
在弄官山区白头叶猴种群内部均未检测到南北片区间的遗传分化，表明
它们遗传差异尚未达到很显著的水平；而在弄廪山区白头叶猴种群内
部，显示九重山和咘遵片区之间存在一些遗传分化，提示在这两个片区
间的白头叶猴个体迁移可能受到了阻碍，产生了一定的隔离效应。

三、白头叶猴线粒体DNA的遗传多样性

我们还从线粒体DNA序列数据来显示白头叶猴种群很低的遗传多
样性水平。下面逐一进行具体分析和讨论。

研究小组扩增并测定了271份样品mtDNA控制区（control region，CR）
共1213bp长的序列，发现多态位点都分布在其第一个高变区（hypervariable
region I，HVI）中，同时选择了包含所有多态位点的第151～500位长350bp

的区段（后简称HVI区）对所有样品进行测序和后续分析。

　　分析结果显示，全部白头叶猴粪便样品的HVI序列仅发现了10个多态位点，形成9种不同的序列（或称单倍型Hap A～Hap I），相互之间只有1～5bp差异的很小变异程度（表9-2）。10个多态位点中1个是由C–G之间的颠换位点，其余9个位点是转换位点（C–T或A–G）。不同单倍型的数量很不均一且分布也不均匀。Hap C的数量最多，占鉴定样品数的69%，而Hap D和Hap E仅各出现在一份样品中。弄官山区北部和南部的白头叶猴都只有一种Hap C单倍型；弄廪山区的白头叶猴则有全部的9种单倍型，但是咘遵的白头叶猴和九重山的白头叶猴没有相同的单倍型。

表9-2　弄官山区和弄廪山区白头叶猴粪便样品的HVI序列

单倍型	多态位点										FS-JCS	FS-BZ	CZ-N	CZ-S	全部种群
					1	1	1	1		3					
	3	4	4	5	1	2	2	5	2	2					
	9	6	6	8	1	8	1	7	2	8					
Hap A	C	G	T	T	G	A	T	T	C	T	41	0	0	0	41
Hap B				C							8	0	0	0	8
Hap C				C	A						65	0	67	15	147
Hap D	G			C	A						1	0	0	0	1
Hap E				C	A		C				1	0	0	0	1
Hap F		A		C	A						3	0	0	0	3
Hap G				C	A	G		C		C	0	7	0	0	7
Hap H			C	C	A				T		0	3	0	0	3
Hap I				C	A				T		0	2	0	0	2
总数											119	12	67	15	213

　　单倍型多样性（haplotype diversity，h）和核苷酸多样性（nucleotide diversity，π）是两个衡量DNA序列多样性的重要指标，这两者在弄廪山区的白头叶猴种群中都很低，而在弄官山区的白头叶猴种群中均为零，显示出极低的遗传多样性水平（表9-3）。

表9-3　弄官山区和弄廪山区白头叶猴线粒体DNA HVI序列的多态性分析

种群	单倍型数	特有单倍型数	h（SD）	π（SD）	变异位点数
FS-JCS	6	5	0.595（0.028）	0.00301（0.00014）	5
FS-BZ	3	3	0.473（0.162）	0.00592（0.00187）	5
FS	9	8	0.657（0.029）	0.00410（0.00033）	10
CZ-N	1	0	0	0	0
CZ-S	1	0	0	0	0
CZ	1	0	0	0	0
全部	9	\	0.488（0.035）	0.00284（0.00026）	10

　　表9-3的数据表明，在线粒体DNA水平上弄官山区和弄廪山区的白头叶猴种群也存在明显的差异，弄廪山区种群具有的单倍型数量远多于崇左种群，不过弄廪山区内部的九重山和咘遵片区的种群之间没有共享单倍型，也存在遗传分化。

四、关于白头叶猴的保护遗传学

　　近几十年，针对濒危物种的遗传学研究所产生的保护遗传学，已成为保护生物学研究的核心内容之一。保护遗传学的研究目标是保护物种的遗传多样性。白头叶猴的物种进化历史比大多数灵长类物种更短，历史分布范围狭小，种群数量少，这些原因都可能导致其历史种群遗传多样性较低。加之20世纪后期以来受到人口迅速增长和人类生产活动扩张导致的栖息地严重缩减和破坏，以及人为捕捉猎杀等直接原因，白头叶猴种群数量急剧下降，一度濒临灭绝。虽然最近22年来白头叶猴种群规模有明显增长，但整体白头叶猴种群的遗传多样性较低，同时在白头叶猴的两个主要分布区弄官山区和弄廪山区种群间遗传分化程度显著，已达到严重分化。我们针对现存白头叶猴的种群遗传多样性水平低的问题，提出如下几点看法。

第一，白头叶猴的种群数量与其他一些濒危物种，如大猩猩、黑猩猩、川金丝猴等相比更小，可能是因为受到遗传漂变（即由随机因素导致的等位基因丧失）的影响更大。由于白头叶猴的历史分布局限在左江以南、明江以北、四方岭以西的狭小区域内，估计历史上适宜栖息地的石山面积充其量约500平方千米，因此推测其历史种群规模不会很大。即使根据目前种群密度较高的弄官山区核心分布区（研究基地的FJC片区）的数据（每平方千米石山66只）进行推算，历史可容纳总种群数量约为33000只。所以我们推断，白头叶猴受其本身种群规模限制，历史上遗传多样性应该也不会很高。

第二，白头叶猴种群经历的瓶颈效应，即在较短时间内发生的种群数量大幅度降低。弄官山区的白头叶猴种群线粒体DNA仅有一种单倍型，可能的解释之一是这个地方性种群曾经历严重的瓶颈效应过程而丢失了绝大部分的线粒体单倍型；也有可能是弄官山区的白头叶猴是由少数个体在较短时间内繁殖扩张建立的，因而单倍型多态性很低。

潘文石于1996年进入弄官山区的时候，经过62天的调查，仅找到6个家庭群和3个全雄群，当时的白头叶猴总数仅为105只，其中正处在繁殖年龄的雌性成年个体数量只有37只。20世纪末白头叶猴种群的急剧下降主要归咎于栖息地严重缩减和被盗猎者捕杀。

第三，白头叶猴栖息地破碎和斑块化，造成地方种群间彼此分隔，也就造成了不同栖息地斑块种群间基因交流的障碍而形成种群遗传结构的差异。弄官山区和弄廪山区两地间的较大地理距离以及大面积农田和人类活动频繁等，都造成了白头叶猴的迁移障碍，导致两种群间基因交流水平过低，并已形成高度遗传分化。

五、为什么我们要保护白头叶猴

白头叶猴面临的生存压力有一些是它们所独具的，这是它们在140万年的演化中与左江南岸的喀斯特石山结下了不解之缘的后果，因此，保护这片石山才能保护它们的根。但也有另一些压力是所有物种（包括人类）所必须面对的难题，如环境污染、粮食匮乏和地球资源（包括地面的和地下的）日益枯竭及其他严重的自然问题，都对地球生命的未来造成威胁。

最严重的问题是，晚期智人（现代人）的伦理抉择仍然处在为了眼前的利益而不惜继续毁坏自然环境和灭绝其他物种。每一种动植物的绝亡都意味着生命链中又有一环中断，一段灿烂而无法再现的历史悄然逝去，我们的子孙后代也就失去了他们的自然遗产，而且还会造成生物多样性的急剧减少，最后引发全球灾难性的后果。有一天，人类会希望恢复20～21世纪不顾长远利益而被毁掉的物种，为了人类在这个小小的星球上生存下去，我们需要所有的基因类型来获得新的知识，来制造新药，生产新的粮食。但是如果没有了大自然的恩惠和每一物种所代表的遗传多样性，未来的人类就会陷入与越来越恶化的环境相连的贫困状态。

拯救物种的原因有许多——科学的、美学的、经济的、文化的以及根据每种生命都有权在自然群落中生存的伦理道德。挽救喀斯特丛林中的白头叶猴，也保障了这些地区成千上万其他生物的生存和所在地人民的劳作生息。白头叶猴不仅仅是一种黑白相间的动物，更不应该是一瓶"乌猿酒"，而是一个象征——象征着广西人民在世界自然保护运动中的努力。最重要的是表明了当代人对自己及未来所承担的义务和信念：我们一定要用共同的努力和智慧来保障白头叶猴的光明前途，祈求这种动物能在左江和明江之间的葱茏石山之中永驻于世（图9-7）。

图9-7　明天更灿烂

人类无法孤独地行走于天地之间，

我们必须与万物同生共存；

我们需要自然界，

特别是那些看似荒野

实为家园的地方；

正是这些地方诞生了

我们人类这个物种，

正是这些地方成为万物生灵的伊甸园；

也正是因为这些地方庇护着

我们子子孙孙赖以生存的

那些洞天福地。

——潘文石

参考文献

［1］AYER A A. The anatomy of Semnopithecus entellus[M]. Madras: The Indian Publishing House, 1948, 182.

［2］BERGER J. Intervention and persistence in small populations of bighorn sheep[J]. Conservation Biology, 1999, 13(2): 432-435.

［3］BLEISCH B, XUAN Canh L, COVERT B, et al. Trachypithecus poliocephalus[Z]. The IUCN Red List of Threatened Species 2008, 2008: e.T22045A9351127.

［4］BRANDON-ONES D. The colobus and leaf-monkeys[M]// MacDonald D. All The World's Animals. New York: Torstar Books, 1984:102-112.

［5］CHAVES P B, ALVARENGA C S, POSSAMAI C B, et al. Genetic diversity and population history of a critically endangered primate, the northern muriqui(Brachyteles hypoxanthus)[J]. PloS One, 2011, 6(6): e20722.

［6］DELSON E, TATTERSALL I. Primates[J]. Encyclopedia of Human Biology, 1997, 7: 93-104.

［7］DELSON E. Evolutionary history of the Cercopithecidae[J]. Contrib Primatol, 1975, 5: 167-217.

［8］FIEDLER W, WENDT H. Leaf monkeys and colobus monkeys[M]//Grzimek B, Grzimek's animals life encyclopedie. Mammals I. New York: Van Nortrand Feinhold Company, 1975: 442-469.

［9］FLEAGLE J G. Primate adaptation and evolution[M]. San Diego: Academic Press, 1988, 159-201.

［10］FRANKEL O, SOULÈ M E. Conservation and evolution[M]. Cambridge: CUP Archive, 1981.

［11］GILPIN M E, SOULÈ M E. Minimum viable populations: processes of species extinction[M]// Conservation biology: the science of scarcity and diversity.

Sunderland, Massachusetts: Sinauer Associates, 1986: 19–34.

［12］GROVES C P. Primate Taxonomy[M]. Washington DC: Smithsonian Institution Press, 2001.

［13］GROVES C P. The forgotten leaf-eaters , and the phylogeny of the Colobinae[M]// Napier J R, Napier P H, eds. Old world monkeys: evolution, systematics, and behavior: proceedings. London , New York :Academic Press, 1970.

［14］GUERRANT JR E O. Genetic and demographic considerations in the sampling and reintroduction of rare plants[M]//Conservation biology. New York: Springer, 1992, 321–344.

［15］HAGELL S, WHIPPLE A V, CHAMBERS C L. Population genetic patterns among social groups of the endangered Central American spider monkey (Ateles geoffroyi) in a human - dominated landscape[J]. Ecology and evolution, 2013, 3(5): 1388–1399.

［16］HARRISON T, KRIGBAUM J, MANSER J. Primate Biogeography and Ecology on the Sunda Shelf Islands: A Paleontological and Zooarchaeological Perspective[J]. Primate Biogeography, 2006: 331–372.

［17］JABLONSKI N G, TYLER D E. Trachypithecus auratus sangiranensis, a new fossil monkey from Sangiran, Central Java, Indonesia[J]. International journal of primatology, 1999, 20(3): 319–326.

［18］MACDONALD D. The Encyclopedia of Mammals[M]. New York: Facts on File Publications, 1984: 406–407.

［19］NAPIER JR, NAPIER PH. A handbook of living primates[M]. London: Academic Press, 1967.

［20］POCOCK RI. The Fauna of British India Including Ceylon And Burma Vol-1[M], 1939.

［21］ROOS C, THANH V N, WALTER L, et al. Molecular systematics of Indochinese primates[J]. Vietn J Primatol, 2007, 1(1): 41-53.

［22］STRASSER E, DELSON E. Cladistic analysis of cercopithecid relationships[J]. Journal of Human Evolution, 1987, 16(1): 81-99.

［23］SZALAY F S, DELSON E. Evolutionary history of the primates[M]. Academic Press, 1979, 23 - 98.

［24］TAN P C. Rare catches by Chinese animal collectors[J]. Zoo Life, 1957, 12(2): 61-63.

［25］WILKINSON D M, O'REGAN H J. Modelling differential extinctions to understand big cat distribution on Indonesian islands[J]. Global Ecology and Biogeography, 2003, 12(6): 519-524.

［26］WOOD-JONES F. Some landmarks in the phylogeny of the primates[J]. Human Biology, 1929, 1(2): 214.

［27］陈怡平. 白头叶猴与黑叶猴的杂交成功[J]. 中国动物园，1989：12-13.

［28］丁波，张亚平，刘自明，等. RAPD 分析与白头叶猴分类地位探讨[J]. 动物学研究，1999，20（1）：1-6.

［29］费梁. 中国两栖动物图鉴[M]. 郑州：河南科学技术出版社，1999.

［30］胡艳玲，阙腾程，黄乘明，等. 关于白头叶猴分类地位的探讨[J]. 动物学杂志，2004，39（4）：109-111.

［31］金昌柱，秦大公，潘文石，等. 广西崇左三合大洞新发现的巨猿动物群及其性质[J]. 科学通报，2009（6）：765-773.

［32］黎向东，李士锡. 白头叶猴采食植物初析[J]. 广西农业生物科学，2005, 24
　　（2）: 153-160.

［33］黎向东，殷丽洁，刘黎君，等. 白头叶猴采食植物的再研究[J]. 广西农业
　　生物学，2008, 27（1）: 37-41.

［34］刘红英. 崇左市白头叶猴研究基地植物资源的调查研究[D]. 南宁：广西大
　　学，2010.

［35］刘自民，韦毅，麻秀珍，等. 白头叶猴线粒体 ND4 基因和 D-环区的序列
　　及其分类地位初探[J]. 广西科学，1997, 4（1）: 64-71.

［36］卢立仁，黄乘明. 白头叶猴种群的调查研究[J]. 兽类学报，1993（1）:
　　11-15.

［37］卢立仁，李兆元. 论白头叶猴的分类：兼与马世来商榷[J]. 广西师范大学
　　学报：自然科学版，1991, 9（2）: 67-70.

［38］马敬能，菲利普斯，何芬奇. 中国鸟类野外手册[M]. 长沙：湖南教育出版
　　社，2000.

［39］潘文石，高郑生，吕植. 秦岭大熊猫的自然庇护所[M]. 北京：北京大学出
　　版社，1988.

［40］裴文中. 广西柳城巨猿洞及其他山洞之食肉目，长鼻目和啮齿目化石[J].
　　中国科学院古脊椎动物与古人类研究所集刊，1987, 18: 5-119.

［41］尚玉昌. 动物行为学[M]. 北京：北京大学出版社，2005.

［42］申兰田，李汉华. 广西的白头叶猴[J]. 广西师范大学学报（自然科学
　　版），1982（0）: 004.

［43］盛和林. 哺乳动物野外研究方法[M]. 北京：中国林业出版社，1992.

［44］谭邦杰. 我怎样发现白头叶猴[J]. 科学与未来, 1980(3).

［45］张荣祖. 中国哺乳动物分布[M]. 北京：中国林业出版社, 1997.

铭　谢

　　1996年，当我们进入左江南岸喀斯特石山区的时候，白头叶猴正濒临灭绝，当地百姓的生活也极度贫困。而我们最初的野外科研更是几乎无法开展：住在山洞里，四周荒无人烟，缺电、缺水、缺乏食物的补给。当我们跋涉于满目疮痍的北热带季雨林中时，经常感觉自己是个孤独的苦行僧，心中不免充满焦虑和悲凉。这种情况直到我们转移到崇左的弄官山区并进驻一处闲置的军营之后，情况才慢慢好转。

　　经过22年的努力，今天，弄官山区的自然面貌和人民生活状况都发生了显著的变化：白头叶猴的种群数量从最初的约105只发展到现在的800多只；百姓也摆脱了原先贫困的境地而过上了小康生活；当初闲置的营区，如今已建设成为集科研、环保和教育于一体的野外研究基地。这些改变是全社会通力合作的结果，如果没有政府、军队和那些来自四面八方的社会各界朋友的精神上的认同以及经济上、物质上的支持帮助，我们可能依旧是孤独的苦行僧，不会像现在一样心中充满着坚定的信念和蓬勃的希望。在此，我们衷心地感谢所有为我们提供过帮助的领导、团体和个人。

　　第一，我们要特别感谢中国人民解放军原广州军区和现南部战区的历任相关领导和指战员们。他们为我们提供的不仅仅是一个容身之所，更是一个荒野中的安全的家。正是他们始终如一的关怀与帮助，才使本项研究得以付诸实现。虽然在此我们不便一一列出要感激的名单，但他们为弄官山区人民的福祉和生物多样性的安全做出了贡献，让我们一直铭记于心。

第二，过去的22年正是全国各地追求经济快速增长的时期，在这样的背景之下，经费并不宽裕的广西壮族自治区党委、政府以及自治区各级政府和相关部门还不断地给予我们研究小组以经济上的资助，尽管他们明知我们并不是一个能为经济快速增长做贡献的单位。我们钦佩广西各级领导在环境保护问题上的远见卓识，我们也理解他们对于广西这片土地的责任和热爱。特别需要提及的是崇左市党委、政府及崇左市江州区党委、政府的历届领导，正因他们的聪明才智与合作精神，弄官山区的自然保护与百姓生活质量的提高才能得以实现。淳朴无私的广西人民给予了我们最具体、最真诚的帮助，如果没有他们，不要说顺利进行科学研究，就是我们这个小小的研究队伍能否在北热带季雨林中继续生存都会成为问题，更无法谈及对弄官山区生物多样性保护做出贡献。在此，我们饱含真情地感谢广西各级领导和全体人民对我们的关怀与爱护。

第三，北京大学始终是我们的精神家园和坚强后盾。我们的学识和素养得益于北大的教育和熏陶，我们的视野和胸怀源自北大践行的"勤奋、严谨、求实、创新、爱国、进步、科学、民主"的北大精神，时刻鼓舞我们担负应有的社会责任和历史使命。我们要将心底最亲近的感谢献给北大的领导、师长、同事、学生和校友。

第四，那些来自五湖四海，包括中国科学院和海内外的朋友更是让我们感动，他们有不同的年龄、性别、身份、职业，甚至不同的国籍，他们或者在关键的时刻给予我们很多科学的指导，或者自始至终默默关怀，但是他们都一样对弄官山区的自然保护充满热情。我们感谢他们献出的真心和热心，更敬仰他们想让世界变得更美好的大爱之心，他们无愧于我们最崇敬的谢意。

当我们看到弄官山的白头叶猴在葱茏的树丛间飞跃，在险峻的喀斯特石壁上安然入睡的时候，团队里的每个成员都会念及远方的父母、姐妹、兄弟、妻子、丈夫、孩子及其他亲人。如果没有他（她）们的关心、爱护和鼓舞，我们将一事无成。在这里，我们把最衷心的谢忱和最深切的热爱致予他（她）们。

潘文石　于弄官山野地

2018年7月1日

图书在版编目（CIP）数据

白头叶猴/潘文石等著.—南宁：广西科学技术出版社，2018.10
（我们的广西）
ISBN 978-7-5551-0688-3

I.①白… II.①潘… III.①叶猴属—介绍 IV.①Q959.848

中国版本图书馆CIP数据核字（2018）第211156号

图片摄影：梁祖红　顾铁流　封春光　程诗颢　李安迪　罗祚业

策　　划：卢培钊　责任编辑：饶　江　助理编辑：马月媛
美术编辑：韦娇林　责任校对：陈剑平　责任印制：韦文印
出版人：卢培钊
出版发行：广西科学技术出版社　地址：广西南宁市东葛路66号　邮编：530023
电话：0771-5842790（发行部）　传真：0771-5842790（发行部）
经销：广西新华书店集团股份有限公司　印制：雅昌文化（集团）有限公司
开本：787毫米×1092毫米 1/16　印张：19.75　插页：10　字数：246千字
版次：2018年10月第1版　印次：2018年10月第1次印刷
本册定价：128.00元　总定价：3840.00元